高等学校教材

勘探地震学学习指南

易远元　编

石 油 工 业 出 版 社

内 容 提 要

本书是普通高等教育“十一五”国家级规划教材《勘探地震学教程》的配套教材，先对相关理论进行概述，再对相关习题进行解析。另外，为了使读者快速浏览并记忆相关知识，增加了“附录A　勘探地震学常用术语及公式”；为了综合测试读者的学习效果，增加了“附录B　勘探地震学试题选”；为了促进现场人员对相关知识的理解，增加了“附录C　现场物探技术等级考题精选及解析”。

本书可以作为高校勘查技术与工程专业本科及报考研究生学生学习的辅助书籍，还可以为从事地震勘探行业的现场工作人员提供理论及实践指导。

图书在版编目(CIP)数据

勘探地震学学习指南/易远元编.
北京:石油工业出版社,2012.6
高等学校教材
ISBN 978-7-5021-9088-0

Ⅰ.勘…
Ⅱ.易…
Ⅲ.地震勘探-高等学校-教学参考资料
Ⅳ.P631.4

中国版本图书馆CIP数据核字(2012)第107793号

出版发行:石油工业出版社
(北京安定门外安华里2区1号　100011)
网　址:pip.cnpc.com.cn
编辑部:(010)64523579　发行部:(010)64523620
经　销:全国新华书店
印　刷:北京中石油彩色印刷有限责任公司

2012年6月第1版　2012年6月第1次印刷
787×1092毫米　开本:1/16　印张:9.75
字数:248千字

定价:18.00元
(如出现印装质量问题,我社发行部负责调换)

前　言

本书是普通高等教育“十一五”国家规划教材《勘探地震学教程》的配套教材，是根据“地震勘探原理”课程的教学要求，结合笔者近30年石油勘探教学与科研经验积累的成果编写而成的。

作为《勘探地震学教程》的配套教材，本书符合学生的认知特点，能够激发学生的学习兴趣，有助于加深学生对本专业知识的理解并促进其学习方法的培养，同时能够拓展学生的知识面。

本书共分为6章。每章均分为“理论概述”、“习题解析”、“参考答案”三部分，使学生既能复习基本概念，又能通过做习题加深理解、从而达到全面提高学生专业水平的目的。

另外，为了使学生快速浏览或记忆相关知识，特增加了“附录A　勘探地震学常用术语及公式”；为了使学生能够自我测试学习效果，增加了“附录B　勘探地震学试题选”；为了使学生了解现场等级考试的相关情况，促进现场人员对基础知识的理解，增加了“附录C　现场物探技术等级考题精选及解析”。

本书在编写过程中，得到了长江大学地球物理与石油资源学院有关领导和同事的密切关注和支持。桂志先副院长、毛宁波教授为本书提供了宝贵的资料和建议，学生祖满、王攀、李建雄、毛丹凤、卢蕾、易虎等参与了部分文字编辑和图件处理工作；书中引用了许多老师的教学成果和相关文献资料，油气资源与勘查技术教育部重点实验室（长江大学）对本书的出版进行了资助，在此一并表示最衷心的感谢！

由于作者水平有限，书中的缺点及错误在所难免，敬请各位读者批评指正。

编　者

2012年3月

目　录

第1章　几何地震学

1.1　理论概述

几何地震学又称地震波的运动学，是研究波前的空间位置与传播时间的关系，通过引入波前、射线等几何概念来描述波的传播规律。

1.1.1　地震波的传播

1.1.1.1　波的几个相关概念

1）波的定义

振动在介质中的传播过程就是波。所谓波动就是振动在介质中的传播。振动和波动的关系是部分和整体的关系。

形成波的必要条件：振源和传输波的弹性介质。

振动的基本特点：

（1）每个质点在波传播过程中只绕其平衡位置振动并不传播到其他地方。

（2）波在传播过程中，质点的振动是有先后的，也就是波是以有限的速度在介质中传播的，波的传播速度，取决于介质的速度，质点振动的速度不等于波速。

（3）波是振动在介质中的传播，其频率取决于震源，与介质无关。

2）波前、波后和波面与波线

设波源在某一时刻 t_0 开始在介质中产生振动，经过一段时间，波源的振动停止了，到 t_1 时刻，波动传播了一段距离，这时介质中分成几个区域，如图1.1.1所示，在 v_1 和 v_2 的分界面 S 上，介质中的各点刚好开始振动，这一曲面叫做波在 t_1 时刻的波前，也叫波阵面。在 v_1 和 v_0 的分界面 S' 上，介质中各点的振动刚好停止，这一曲面叫做波在 t_1 时刻的波后，也叫波尾。

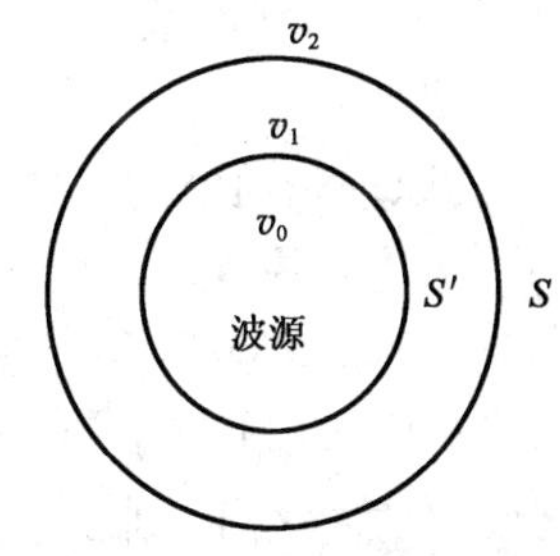

图1.1.1　波前和波后示意图

因为波是不断前进的，所以不指明某一具体时刻来谈波前和波尾是没有意义的。

波面：波前和波尾之间同一时刻质点振动的面，即波前之内振动同步的各质点所组成的面。

射线（波线）：波的传播方向。

3）地震波常用术语解释

振幅：在振动图形上极值的大小。它表示质点离开其平衡位置的最大位移。一般来说，振动的能量和振幅的平方成正比，振幅 A 越大，表示波的能量越强。

视周期和视频率：在振动图形上相邻极大值间的间隔称为视周期 T。视周期的倒数叫做视频率 f。二者互为倒数关系，即 $T=1/f$。

视波长和视波数：在波剖面上相邻各极值间的距离 λ 称为视波长。视波长的倒数称为视波数 k。二者互为倒数关系，即 $k=1/\lambda$，$\lambda=2\pi/k$。

1.1.1.2 地震波的传播规律

1）反射定律

反射定律为：入射角=反射角。

在地震勘探中，把入射线、过入射点的界面法线、反射线三者所决定的平面称为射线平面，它总是垂直于界面的（这个概念对地震资料的构造解释十分有用）。

（1）当在地面（界面水平）上 O 点激发，沿测线 OZ 接收，又设地下的反射界面是水平的，这时射线平面既垂直于界面也垂直于地面。

（2）如果界面倾斜时，①当地震测线垂直于界面走向时，射线平面既垂直于地面也垂直于界面。②当地震测线不垂直界面走向时，则射线成平面，只垂直界面不垂直地面。

2）透射定律（斯奈尔定律）

由实验可得出：

$$\frac{\sin\theta_1}{\sin\theta_2}=\frac{v_1}{v_2}$$

式中 θ_1，θ_2——第 1、第 2 层位的入射角；

v_1，v_2——第 1、第 2 层的速度。

综合反射定律和透射定律的内容，并扩展到水平层状介质的情况，可以得到斯奈尔定律。同时它还包括横波和纵波的传播。

$$\frac{\sin\theta_{P1}}{v_{P1}}=\frac{\sin\theta_{S1}}{v_{S1}}=\frac{\sin\theta_{P2}}{v_{P2}}=\frac{\sin\theta_{S2}}{v_{S2}}=\cdots=\frac{\sin\theta_{Pi}}{v_{Pi}}=\frac{\sin\theta_{Si}}{v_{Si}}=P$$

式中 θ_{P1}，θ_{Si}——纵波、横波在第 i 层的入射角；

v_{P1}，v_{Si}——纵波、横波在第 i 层的速度；

P——射线参数。

3）费马原理

费马原理较通俗的解释是：波在各种介质中的传播路线，满足所用时间为最短的条件。

4）惠更斯原理

惠更斯原理是利用波前的概念来处理问题的。可以对惠更斯原理做如下描述：在弹性介质中，已知 t 时刻的同一波前面上的各点，可以把这些点看做从该时刻产生子波的新的点震源，经过任意一个时刻 Δt 后，这些子波的包络面就是波 $t+\Delta t$ 时刻到达的新的波前面。

1.1.2 反射地震波运动学

1.1.2.1 时距曲线的基本概念

地震波的运动学：研究地震波波前的空间位置与其传播时间的关系，应用地震勘探查明地下地质构造的基本原理之一。

地震波的时距曲线：地震波旅行时间与接收点坐标之间的关系曲线，即 t 与 x 之间的关系曲线（强调的是接收点的坐标）。

时间场：设有一个地震波在介质内传播，如果在介质中任一点 $M(x,y,z)$ 进行观测，则可以确定波前到达这一点的时间 t，波前传播的时间 t 可以看成观测点坐标的函数，即 $t=g(x,y,z)$，在波传播的介质范围内，若已知上述函数关系，那么只要知道介质内任一点的坐标（x，y，z），就可以确定波前到达这一点的时间 t，因而也就确定了一个标量场 $t(x,y,z)$，在地震勘探中把这个标量场叫做时间场，即波至时间的空间分布被定义为时间场，将确定这个场的函数 $t(x,y,z)$ 叫做时间函数。

1.1.2.2　反射波时距曲线

1）均匀介质共炮点时距曲线

（1）一个水平界面共炮点反射波时距曲线。

如图 1.1.2，作虚震源 O^*（将反射线反方向延长，同时从震源 O 向反射界面作垂线，与反射线的延长线交于 O^* 点），在直角△O^*OS 中

$$\overline{O^*S}=\sqrt{(2h_0)^2+x^2}$$

波从 O 点射入到 A 点再反射回 S 点所走的路径，就好像波由 O^* 点直接传到 S 点一样（虚震源原理）。

反射时间
$$t=\frac{\overline{O^*S}}{v}=\frac{\sqrt{x^2+4h_0^2}}{v}$$

所以
$$\frac{t^2}{\left(\frac{2h_0}{v}\right)^2}-\frac{x^2}{(2h_0)^2}=1\text{（双曲线）}$$

垂直反射时间，自激自收时间 $t_0=\dfrac{2h_0}{v}$。

（2）一个倾斜界面共炮点反射波时距曲线。

如图 1.1.3 所示，O 点为坐标原点，地面上有一条测线，地下有一个倾斜界面，O 点放炮，S 点接受，O 点处距离界面的深度为 h，界面倾角为 φ。

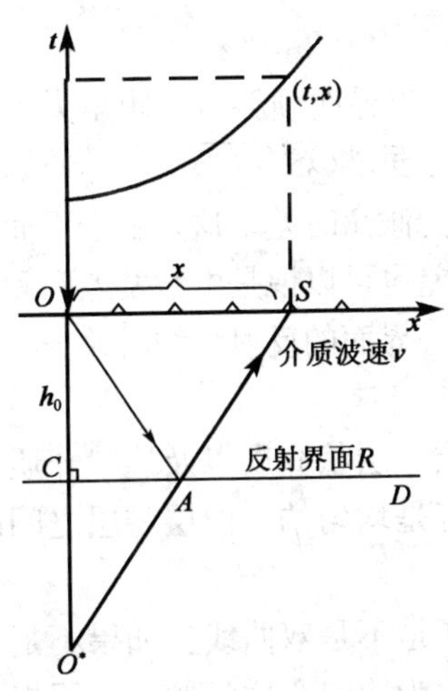

图 1.1.2　水平界面发射波时距曲线

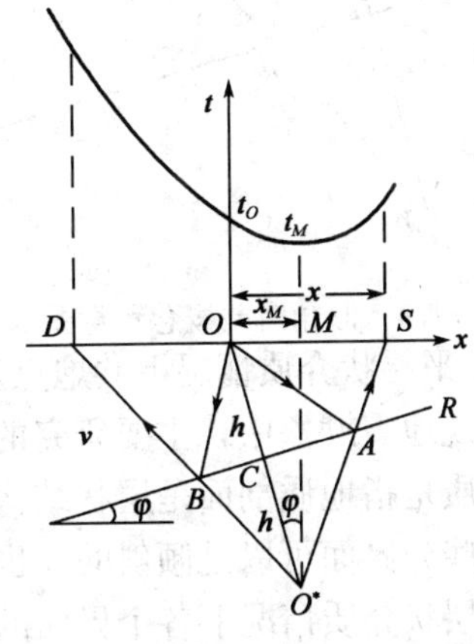

图 1.1.3　倾斜界面反射波时距曲线

那么当界面的上倾方向与 x 轴正方向一致的情况下，反射波时距曲线首先作虚震源 O^*，根据虚震源原理，有

$$t=\frac{\overline{OA}+\overline{AS}}{v}=\frac{\overline{O^*S}}{v}$$

过 O^* 作测线 OX 的垂线 O^*M，设 $\overline{OM}=x_M$，$OS=x$，则

$$\overline{O^*S}^2=(2h\cos\varphi)^2+(x-2h\sin\varphi)^2$$

其中 $$\overline{O^* M} = 2h\cos\varphi\text{，}\overline{MS} = x - x_M$$

又因为 $x_M = 2h\sin\varphi$，那么

$$t = \frac{1}{v}\sqrt{x^2 - 4hx\sin\varphi + 4h^2}$$

同理可证，当界面的上倾方向与 x 轴正方向相反时，$x_M = -2h\sin\varphi$，则

$$t = \frac{1}{v}\sqrt{x^2 + 4hx\sin\varphi + 4h^2}$$

(3) 正常时差和倾角时差。

①正常时差。

第一种定义：在水平界面情况下，对界面上某点以炮检距 x 进行观测得到的反射波旅行时与以零炮检距（自激自收）进行观测得到的反射波旅行时之差，这纯粹是因为炮检距不为零引起的时差。

第二种定义：在水平界面情况下，各观测点相对于炮点纯粹是由于炮检距不同而引起反射波的旅行时间差。

但应当说第一种定义比较准确，特别是当讨论倾斜界面问题时，必须用第一种定义。

动校正：将离炮点不同炮检距的检波点记录的反射波旅行时间校正到炮检距中点处的自激自收时间，这个过程叫动校正。

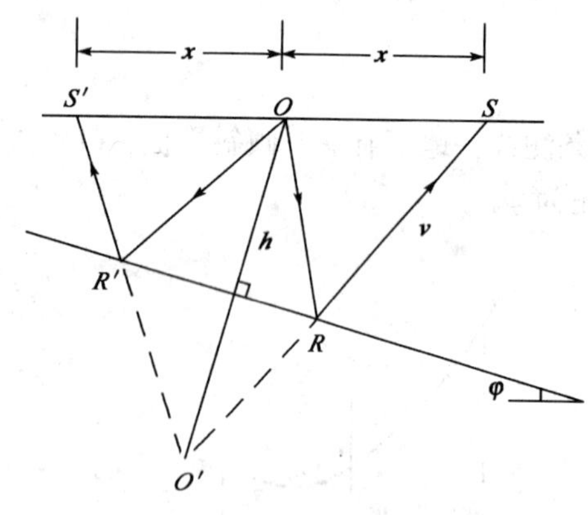

图 1.1.4 倾角时差概念示意图

校正量 $\Delta t = t - t_0 \approx \dfrac{x^2}{2v^2 t_0}$

动校正的目的：去掉炮检距 x 的旅行时间的影响，使动校正后的时距曲线形态能反映地下界面的真实产状。

②倾角时差。

如图 1.1.4，当界面倾斜时，倾角为 φ，测线与界面倾向一致时，虽然 $\overline{OS'} = \overline{OS} = x$，但 $t_{ORS} \neq t_{OR'S'}$，他们之间的差称为倾角时差。这是由于界面存在倾角引起的，倾角时差也可以说是由激发点两侧对称位置观测到的来自同一界面的反射波的时差。

2) 水平层状介质情况下共炮点反射波时距曲线

在常规地震勘探中，主要研究的介质模型有均匀介质、层状介质以及连续介质三种。所谓层状介质是指地质剖面是层状结构的，在每一层内速度是均匀的，但层与层之间的速度不相同。这些分界面可以是倾斜的，也可以是水平的。

水平层状介质情况下各个界面的反射波时距曲线，还是不是双曲线？如果不是，在什么条件下可以近似地把它看成双曲线，把层状介质问题转化为均匀介质问题时，假想均匀介质的速度应怎样取？以三层层状介质为例，通过对层状介质和把层状介质转化为均匀介质所得到的两种双曲线进行分析，可以得到以下结论：

(1) 用平均速度计算它的时距曲线在真实的时距曲线之上。

(2) 当炮检距 x 较小时，两曲线相差较小；当炮检距 x 较大时，两曲线相差较大；当 $x=0$时，两曲线重合。

这个结论说明，在炮检距不大的情况下，多层介质的反射波时距曲线可以近似看成双曲线，这样引入平均速度的办法，就可以把三层介质问题转化为均匀介质问题，并可以把三层

介质的时距曲线近似看成双曲线。

3）连续介质情况下共炮点反射波特点

连续介质情况下，当速度随深度线性增加时，地震波的射线是圆弧，如果在地面上观测，可以接收到许多波，其中一种是没有遇到反射界面就反射回观测点，这种波称为“回折波”（沿着一条圆弧形的射线，先向下到达某一深度后又向上拐回到达观测点）。它与均匀介质直达波相似但有区别，回折波的每条射线都有自己的最大穿透深度 $Z_{\max}$。

$$Z_{\max}=\frac{1}{\beta}\csc\alpha_0-\frac{1}{\beta}$$

即只有在满足射线的最大穿透深度 $Z_{\max}\geqslant H$ 时才能发生反射，否则就是上述所说的“回折波”。

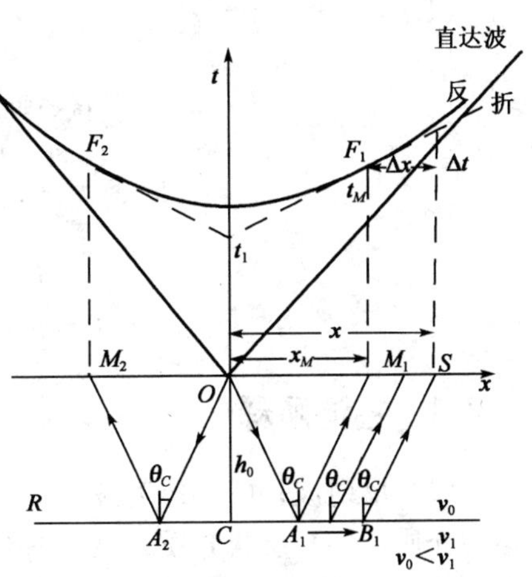

图 1.1.5 一个水平界面情况下折射波的时距曲线

1.1.3 地震折射波运动学

1.1.3.1 折射波形成的条件

（1）界面下部介质波速 v_2 大于上部介质波速 v_1；

（2）波的入射角等于临界角。

1.1.3.2 一个水平界面折射波的时距曲线

如图 1.1.5 所示，折射波所走的路程为 $O\to A_1\to B_1\to S$，则所需时间为

$$t=\frac{\overline{OA_1}}{v_0}+\frac{\overline{B_1S}}{v_0}+\frac{\overline{A_1B_1}}{v_1}$$

因为 $\overline{OA_1}=\overline{B_1S}=\dfrac{h_0}{\cos\theta_C}$，$\overline{A_1B_1}=\overline{M_1S}=x-x_M=x-2h_0\tan\theta_C$

令 $$\frac{2h_0}{v_0\cos\theta_C}-\frac{2h_0\tan\theta_C}{v_1}=\frac{2h_0\cos\theta_C}{v_0}=t_i$$

则整理得

$$t=\frac{x}{v_1}+t_i$$

这就是水平界面折射波时距曲线方程。

从图 1.1.5 中，可以得到折射波时距曲线的始点坐标，即

$$\begin{cases}x_M=2h_0\tan\theta_C\\ t_M=\dfrac{2h_0}{v_0\cos\theta_C}\end{cases}$$

由式中可看出，界面埋藏越深，盲区越大。在折射波时距曲线的始点，由于同一界面的反射波时距曲线和折射波时距曲线有相同的时间和视速度（在 M_1 点出射的射线既是反射波射线也是折射波射线），因此这两条时距曲线在该点相切。

1.1.3.3 倾斜界面情况下折射波的接收特点

如图 1.1.6 所示，不是所有倾斜界面都能产生折射波和能在地面接收到折射波的。只有当界面的视倾角 $\varphi<90°-\theta_C$ 时，折射波才能返回地面被接收到；当 $\varphi\geqslant 90°-\theta_C$ 时，在地面就不能接收到折射波。可见界面倾角超出一定限度，就不能用折射波法勘探了。

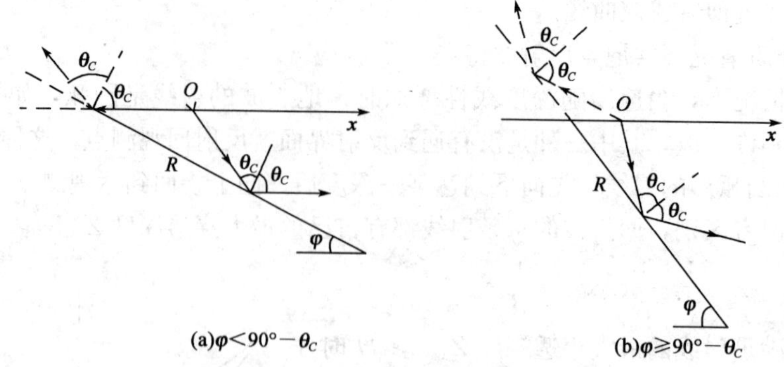

图 1.1.6 倾斜界面情况下的折射波

1.2 习 题 解 析

1.2.1 名词解释

（1）反射波；（2）透射波；（3）绕射波；（4）滑行波；（5）折射波；（6）波前面；（7）均匀介质；（8）层状介质；（9）连续介质；（10）振动图形和波剖面；（11）时间场与等时面；（12）地震波视速度；（13）地震子波；（14）地震波运动学；（15）正常时差；（16）倾角时差；（17）剩余时差；（18）惠更斯原理。

1.2.2 填空题

（1）振动在介质中的________称为波，地震波是一种________波。

（2）垂直入射地震反射系数公式为________。

（3）费马原理的观点认为：地震波沿射线的旅行时与沿其他任何路径的旅行时相比为________，也是波沿________的路径传播。

（4）在共反射点道集记录中，把每一道反射波的传播时间减去它的正常时差这就叫做________。

（5）波阻抗是________和________的乘积。

（6）产生反射波的条件是________。

（7）地层的倾角为 α，地层界面上部地层的速度为 v，在炮点两侧等距离 x 的两观测点观测，则倾角时差为________。

（8）由于波的吸收作用，地震波的视频率随着传播距离的增加而________。

1.2.3 简答题

（1）什么是惠更斯—菲涅尔原理？

（2）什么是地震折射波的盲区？

（3）简述均匀介质共中心点时距曲线的特点？

（4）试从反射波和折射波形成的机制，分析反射波和折射波的形成条件？

（5）什么是视速度？

（6）在地震勘探中，经常把地下的地层介质做哪些简化？

1.2.4 计算题

(1) 试用费马原理证明地震反射定律。

(2) 试推导出倾斜界面情况下反射波的时距曲线。

1.3 参考答案

1.3.1 名词解释

(1) 反射波：当弹性波遇到具有弹性性质突变的弹性分界面时，弹性波在分界面上可能会发生波的反射和透射，其中波的反射产生的波即为反射波。

(2) 透射波：当弹性波遇到具有弹性性质突变的弹性分界面时，弹性波在分界面上可能会发生波的反射和透射，波的透射产生的是一个与入射波方向不一致的波，称为透射波。

(3) 绕射波：当地震波通过弹性不连续的间断点（如地层的间断点、地层的尖灭点或不整合接触点以及断层的棱角等）时，只要这些地质体的大小同地震波的波长大致相当，这种不连续的间断点就可以看做一个新震源。新震源产生一种新的扰动向弹性空间四周传播，这种波在地震勘探中称为绕射波，这种现象称为绕射。

(4) 滑行波：在波的传播过程中，当界面以下的速度 v_2 大于界面以上的速度 v_1 时。根据斯奈尔定律，波的透射角 β 必大于其入射角 α，且随着入射角 α 增加到某一临界角度 i 时，会使透射波的透射角 $\beta=90°$，此时透射波将沿着界面，在界面下方滑行，这种特殊的透射波通常称为滑行波。

(5) 折射波：当滑行波沿着界面传播时，必然引起界面上各质点的振动，根据惠更斯原理，滑行波所经过的界面上各点，都可看做是一个新的振动源。由于界面两侧的介质质点存在着弹性关系，因此滑行波沿界面传播时，在上覆介质中将产生新波，这种新波在地震勘探中称为折射波。

(6) 波前面：振动刚开始与静止时的分界面。

(7) 均匀介质：可认为反射界面 R 以上的介质是均匀的，即层内介质的物理性质不变。

(8) 层状介质：认为地层剖面是层状结构，波在每一层内速度是均匀的，但层与层之间的速度不相同，介质性质发生突变。界面 R 可以是水平（称水平层状介质）或是倾斜的。

(9) 连续介质：所谓连续介质是认为波在界面 R 两侧介质Ⅰ与介质Ⅱ的速度不相等，有突变。但界面 R 的上覆地层（即介质Ⅰ）的波速是空间连续变化的函数。连续介质是层状介质的演变，当层状介质中层数无限增加，每一层的厚度无限减小，这时层状介质就过渡为连续介质。

(10) 振动图形和波剖面：波在传播过程中，某一质点的位移大小是随时间而变化的，描述质点位移与时间关系的图形，叫做振动图形。波在传播过程中的某一时刻，介质中各个质点的位移是不同的，描述质点位移与空间位置关系的图形，叫做波剖面。

(11) 时间场与等时面：设有一个地震波在介质内传播，如果在介质中任一点 $M(x,y,z)$ 进行观测，则可以确定波前到达这一点的时间 t，波前传播的时间 t 可以看成观测点坐标

(x,y,z)的函数，即 $t=g(x,y,z)$，因而就可以确定一个标量场 $t(x,y,z)$，在地震勘探中把这个标量场叫做时间场，即波至时间的空间分布。如果给定一个时间值 t_i，则可以找出由空间具有相同 t_i 值的点所组成的波面，称为等时面。

(12) 地震波视速度：当波的传播方向与观测方向不一致（夹角 θ）时，观测到的速度并不是波前的真速度 v，而是视速度 v_a。

(13) 地震子波：爆炸产生的是一个延续时间很短的尖脉冲，这一尖脉冲造成破坏圈、塑性带，最后使离震源较远的介质产生弹性形变，形成地震波，地震波向外传播一定距离后，波形逐渐稳定，成为一个具有 2～3 个相位（极值）、延续时间 60～100ms 的地震波，称为地震子波。

(14) 地震波运动学：研究在地震波传播过程中地震波波前的空间位置与其传播时间的关系，即研究波的传播规律，以及这种时空关系与地下地质构造的关系。

(15) 正常时差：在水平界面时，对界面上某点以炮检距 x 进行观测得到的反射旅行时同以零炮检距（自激自收）进行观测得到的反射旅行时之差。这是由于炮检距不为零引起的时差。

(16) 倾角时差：去掉炮检距的影响，纯粹由于界面存在倾角而引起的反射波旅行时差，称为倾角时差。

(17) 剩余时差：把某个波按水平界面一次反射波作动校正后的反射时间与共中心点处的 t_0 之差叫剩余时差，即由于未能完全将正常时差消除而剩下来的那一小部分正常时差。

(18) 惠更斯原理：在波前面上的任意一个点，都可以看成是一个新的波（震）源，叫子波源。每个子波源向各方发出的微弱的波，叫子波，子波以所在点处的波速传播。

1.3.2 填空题

(1) 传播，弹性；

(2) $R=\dfrac{\rho_2 v_2-\rho_1 v_1}{\rho_2 v_2+\rho_1 v_1}$；

(3) 最小值，所用时间最短；

(4) 动校正；

(5) 介质（地层）的密度，波的速度；

(6) 弹性界面两侧的弹性性质不一致；

(7) $\dfrac{2x\sin\alpha}{v}$；

(8) 减少。

1.3.3 简答题

(1) 由惠更斯原理，在弹性介质中，已知 t 时刻的同一波前面上的各点，可以把这些点看做从该时刻产生子波的新的点震源。经过任意一个时刻 Δt 后，这些子波的包络面就是波 $t+\Delta t$ 时刻到达的新的波前面。惠更斯原理只给出了波传播的空间几何位置，而没有涉及波到达该位置的物理状态。菲涅尔补充了惠更斯原理，他指出，从同一波阵面上的各点所发出的子波，经传播而在空间相遇时，可以相互叠加而产生干涉现象，因此在该点观测的是总扰动。这就使得惠更斯原理具有更明确的物理意义，惠更斯—菲涅尔原理可以应用于均匀介质，也可以应用于非均匀介质。

(2) 如图 1.3.1 所示，射线 AM 是折射波的第一条射线，在地面上从 M 点开始才能观测到折射波，因此 M 点叫做折射波的始点。自震源 O 点到 M 点范围内，不存在折射波，这个范围叫做折射波的盲区。

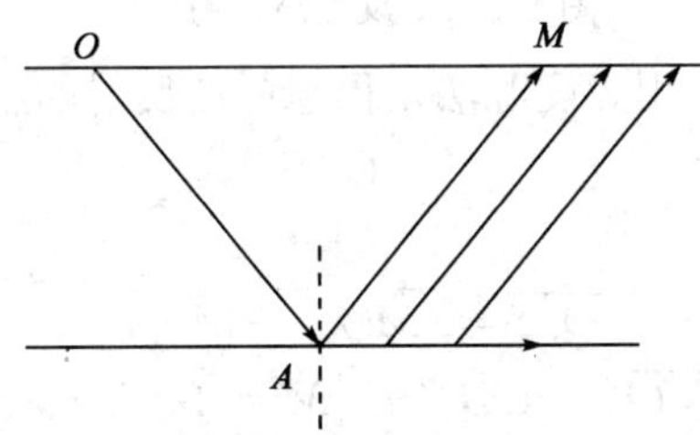

图 1.3.1　地震折射波盲区示意图

(3) 均匀介质倾斜界面反射波共中心点时距曲线是一条对称于 t 轴的双曲线，它和水平界面共反射点时距曲线，在形式上完全相同，所不同的只是速度有差异。水平界面时，速度为常数，为均一速度；倾斜界面时，为等效速度 v_{φ}，等效速度恒大于上覆介质中的速度 v，其大小与界面倾角 φ 有关，倾角越大，v_{φ} 越大，当 $\varphi=0$ 时，$v_{\varphi}=v$。

(4) 形成反射波的条件是地层有波阻抗的差异，反射波的强度（振幅）取决于波阻抗差。与入射波波阻抗的差值越大，反射波越强；要形成折射波的条件是下层速度大于上层速度，且波的入射角等于临界角，这样就会形成滑行波，滑行波传播过程中，反过来影响第一种介质，并在第一种介质中激发新的波，这种由滑行波引起的波在地震勘探中叫折射波。在实际的地层剖面中只有某些地层能满足形成折射波这个条件，因此“折射层”的数目要比“反射层”的数目少得多。

(5) 地震波沿测线传播的速度，称为视速度。而实际上地震波并不是沿测线传播的，而是沿垂直于波前的射线方向，视速度 v^* 与真速度 v 的关系为 $v^* = v/\sin\alpha$，该式称为视速度定理。

(6) 实际地层介质是非常复杂的，在地震勘探中，人们根据研究目的、对问题研究的深入程度以及对成果精度的要求等因素，建立了多种地层介质结构模型，诸如各向同性介质、各向异性介质等。在常规地震勘探中，主要研究的介质模型有均匀介质、层状介质以及连续介质三种。

1.3.4　计算题

(1) 解：如图 1.3.2 所示，根据费马原理，波从 A 点传到 B 点应满足所需时间最短，即传播路程最短。设波的传播路程为 S，则

$$S=\overline{AO}+\overline{BO}$$

令 $\overline{AB}=x$，$\overline{OO'}=h$，$\overline{AO'}=x_1$，那么

$$\overline{AO}=\sqrt{x_1^2+h^2}，\overline{BO}=\sqrt{(x-x_1)^2+h^2}$$

则

$$S=\sqrt{x_1^2+h^2}+\sqrt{(x-x_1)^2+h^2}$$

对 x_1 求导，令 $S'=0$，则 $x_1=\frac{1}{2}x$，即 $\overline{AO'}=\overline{BO'}$，那么 $\theta_1=\theta_2$（即证）。

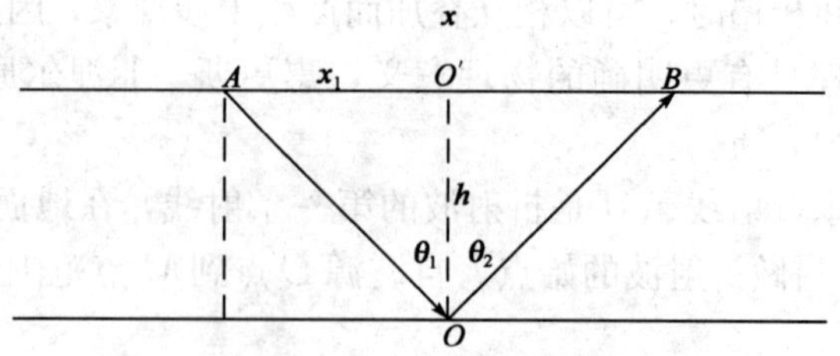

图 1.3.2　反射波示意图

（2）解：参见图 1.1.3，利用虚震源法，得地震波反射的旅行时间 t：

$$t=\frac{O^{*}S}{v}$$

其中

$$\overline{O^{*}S}=\sqrt{\overline{MO}^{*2}+\overline{MS}^{2}}$$

$$\overline{MO}^{*2}=\overline{OO}^{*2}-\overline{OM}^{2}=4h^{2}-x_{M}^{2}$$

$$\overline{MS}=\overline{OS}-\overline{OM}=x-x_{M}$$

所以

$$\overline{O^{*}S}=\sqrt{4h^{2}-x_{M}^{2}+(x-x_{M})^{2}}$$

有

$$t=\frac{\sqrt{4h^{2}-x_{M}^{2}+(x-x_{M})^{2}}}{v}=\frac{1}{v}\sqrt{x^{2}-2xx_{M}+4h^{2}}$$

其中

$$x_{M}=\pm 2h\sin\varphi$$

则反射波的时距曲线为

$$t=\frac{1}{v}\sqrt{x^{2}+4h^{2}-4xh\sin\varphi}\qquad（上倾方向）$$

$$t=\frac{1}{v}\sqrt{x^{2}+4h^{2}+4xh\sin\varphi}\qquad（下倾方向）$$

第2章　地震数据采集

2.1　理论概述

地震勘探野外工作是整个地震勘探中的基础工作，是地震勘探中获取地下地质信息的基本环节。因此，数据采集的质量直接影响到勘探工作的效果。

2.1.1　地震勘探分辨率

地震分辨率是指可分辨的最小地层厚度或最窄地质体的宽度，前者称为地震垂向分辨率，后者称为地震横向分辨率。

2.1.1.1　垂向分辨率

地震垂向分辨率是指可分辨的最小地层厚度。垂向分辨率实际表征地震勘探分辨薄层顶底反射波的能力。所谓可以分辨的最小地层厚度，意指顶底反射波“刚刚能分辨开”的地层厚度。不同的学者提出了不同的分辨率标准，主要有瑞利标准、瑞克标准以及维代斯标准。

(1) 瑞利标准：两个子波的到达时差大于或等于子波的半个视周期，则这两个子波是可分辨的，否则是不可分辨的。

(2) 瑞克标准：两个子波的到达时差大于或等于子波主极值左右侧两个拐点间隔时，则这两个子波可分辨。

(3) 维代斯标准：一个地层上、下介质的波阻抗相等，并都明显小于该地层波阻抗，当该地层厚度小于$\lambda/8$时，即其顶底反射波时差小于$\tau/4$（λ、τ分别对应入射子波的优势波长、优势周期）时，其顶底反射子波的特征不可分辨。

2.1.1.2　菲涅尔带

波动理论认为，地面观测点所接收到的地震反射波不是仅来自反射界面上的一个点（几何地震学的反射点），而是反射界面上各二次波源发出的振动之和，其中反射信号的主要贡献来自第一菲涅尔带。

波从震源到界面上每个点再到接收点都对应一个旅行时，其中一个点对应的旅行时最小。以该点为中心的周围有一个范围，其内各点对应的旅行时之差不大于半个周期，这个范围就称为第一菲涅尔带。图2.1.1是震源与接收点为同一点情况下菲涅尔带示意图，其中以R_0为圆心，R_1为半径的圆内即为第一菲涅尔带。当接收点与震源不在一个点上时，第一菲涅尔带的半径比上面R_1表示的大，菲涅尔带实际上是射线理论的反射点附近二次波源发出的振动相长叠加区。

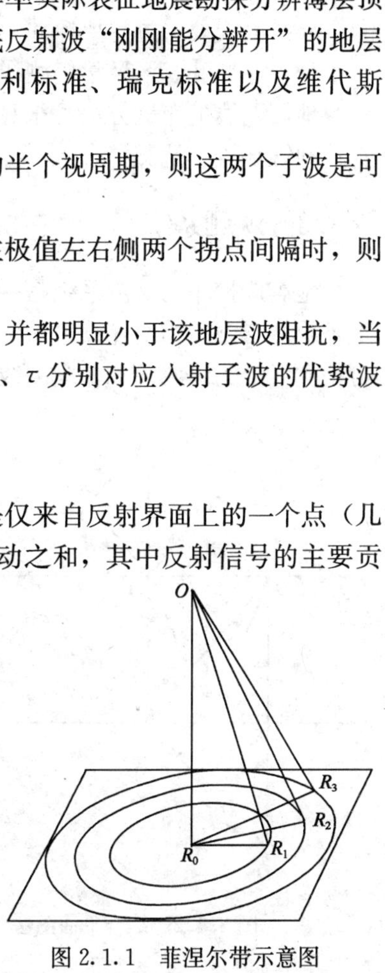

图2.1.1　菲涅尔带示意图

2.1.1.3 横向分辨率

在未偏移地震剖面上，一般认为，第一菲涅尔带是地震横向分辨率的极限。在二维情况下，若地质体的宽度小于第一菲涅尔带的直径，在地震剖面上这个地质体像一个绕射点，难以分出它的边界。若地质体宽度大于第一菲涅尔带直径，则其端点可以判断。

在三维情况下，当反射面面积小于第一菲涅尔带时，它表现出点绕射的特征，这个小反射面是难以分辨的；当反射面面积大于第一菲涅尔带时，这个反射面可以辨认。

偏移处理可有效地改善横向分辨率，因此有人称之为“空间反褶积”。

2.1.2 地震测线的布置

地震勘探按观测点的展布方式可分为二维地震和三维地震。前者是沿预定路线，即沿地震测线观测地震波，后者是在一个观测面上观测地震波。测线布置的原则是：

（1）根据地质任务，整体规划；

（2）测线尽量为直线，在无法按直测线施工时可采用弯曲测线；

（3）测线足够长，能控制构造形态和地质目标；

（4）主测线垂直构造走向，联络测线尽量与主测线垂直，除路线概查外，联络测线应与主测线构成网；

（5）测线要通过主要探井；

（6）注意和邻区及早年测线的连接。

地震测线的布置方法可根据所要完成的地质任务分为四个阶段——地震概查；地震普查；地震详查；地震精查。

2.1.3 观测系统

地震勘探中的观测系统是指地震波的激发点与接收点的相互位置关系。为了更详细了解地下构造形态，需要连续地追踪地下各界面的反射波。根据炮点与接收点的相对位置关系，可把测线分为纵测线和非纵测线。

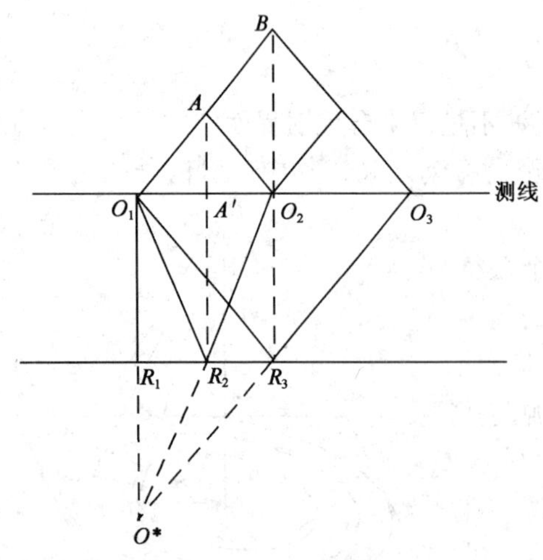

图 2.1.2 综合平面图法

（1）纵测线：炮点和接收点在同一条直线上；

（2）非纵测线：炮点和接收点不在同一直线上。

2.1.3.1 观测系统图示

观测系统可以用图件来表示，最简单的图示方法是综合平面图法（图 2.1.2）。这种方法是把分布在测线上的炮点 O_1, O_2, O_3，…按一定比例标在测线上，然后从炮点向两侧作斜线，斜线与测线成45°角。当在某个炮点上激发，在测线上某个接收段进行观测时，可用该接收段在通过该炮点的 45°斜线上的投影来表示。

观测系统的这种图示方法也适用于地震折射波法。

2.1.3.2 几种常见的二维（2D）观测系统

1）简单连续观测系统

简单连续观测系统是指能连续观测反射界面的观测系统，并且每段反射界面只被观测一次。

优点：施工方便，不受折射波的干扰，减少了有效波间的干涉，有利于提高解释精度。

缺点：易受面波、声波等低速度干扰波的干扰，获得的信息量低。

2）双重连续观测系统

双重连续观测系统是由两个简单连续观测系统组合而成的。

优点：对同一段反射界面进行两次观测，有利于资料对比解释，提高解释质量。

缺点：易受低速度干扰波的干扰等。

3）间隔简单连续观测系统

间隔简单连续观测系统的特点是炮点和接收段之间隔开一段距离，但仍保持连续观测地下反射界面。

优点：可避开井口干扰，避开某些面波和声波干扰，在低速干扰波强烈的地区是非常有效果的。

缺点：易受浅层折射波等干扰。

4）延长时距曲线观测系统

延长时距曲线观测系统实际上是一种间隔观测系统。

优点：对深层反射界面可得到较好的反射记录。

缺点：对于浅层界面，由于浅层折射，邻层间反射波的交叉干涉等原因，往往得不到清晰的记录。

5）多次覆盖观测系统

多次覆盖观测系统，即共反射点多次叠加观测系统，是目前地震勘探中 2D 地震常规观测系统。多次覆盖观测系统可分为以下几种：

（1）偏移单边多次覆盖观测系统；

（2）端点单边多次覆盖观测系统；

（3）偏移双边多次覆盖观测系统；

（4）端点双边多次覆盖观测系统。

2.1.3.3 三维（3D）观测系统

1）三维地震的必要性

当地下情况复杂时，2D 地震无法消除侧面反射波，不能使反射点正确归位，因而无法完成地质任务，从而不得不使用 3D 地震。

2）三维观测系统设计原则

要使 3D 地震资料有较高的信噪比，满足地质任务要求的垂向和横向分辨率，其主要原则如下：

（1）在一个共炮点或共中心点道集里，炮检距应当从小到大均匀分布，以确保获得各目的层的有用反射波信息，并能用作速度分析。

（2）在一个共中心点道集内各炮检距连线的方向应尽量均匀地分布在共中心点的 360° 方位上，以使一个面元（反射点）上的地震道是从各个方向入射来的，从而真实体现三维叠加的特点。

（3）地下各 CDP 点的覆盖次数应尽可能相同，以保证地震记录特征稳定，有利于复杂地质结构和岩性岩相研究。

（4）在地面条件允许时，尽量采用规则观测系统，地面条件不允许使用规则观测系统时，再使用不规则观测系统。

3）陆上面积型三维观测系统

3D 地震有路线型和面积型两类，前者包括弯曲测线多次覆盖和宽线剖面法，通常说的 3D 地震指的是面积型三维地震。

陆上面积型三维观测系统总的来讲可分为两大类——规则观测系统和不规则观测系统。

（1）规则观测系统：

①十字观测系统。

②线束形观测系统。

（2）不规则观测系统：

①方形观测系统。

②方格式观测系统。

③环形观测系统。

④树状观测系统。

2.1.4 地震波的激发

2.1.4.1 激发的要求

（1）激发出的有效波具有相当强的能量，以保证获得所需要深度的岩层反射。

（2）有效波的频谱适中，适于地震检波器及地震仪器的接收，并要求有效波与干扰波有较大差别，有效波特征清晰。

（3）要求有尽可能高的信噪比、高分辨能力和高保真度。

2.1.4.2 炸药震源

地震勘探的震源一般分为两大类，一类是炸药震源，另一类是非炸药震源。

选择合适的激发方式和良好的激发条件是改善地震记录原始信噪比的最有力措施。选用炸药激发时，激发方式有井中爆炸、水中爆炸、坑中爆炸和空中爆炸等几种，其中以井中爆炸效果最好。井中爆炸具有以下优点：

（1）能降低面波强度，消除声波干扰；

（2）形成的频谱很宽；

（3）可以减少炸药消耗。

但要确保这些优点的实现，需要选择良好的激发条件。这就需要选择合适的激发岩性、激发深度、炸药量和好的施工质量。

2.1.4.3 非炸药震源

非炸药震源主要包括以下几种：

（1）可控震源（连续振动震源）；

（2）落重法震源（重锤）；

(3) 空气枪；

(4) 电火花震源。

非炸药震源共同的优点是：安全、经济、可靠、破坏性小，有利于环境保护。但其普遍存在的缺点是干扰强、能量弱。虽然目前非炸药震源还很少运用到油气勘探中，但其前景是不可限量的。

2.1.5 地震波的接收

地震波的接收实际上就是通过专门的仪器和采用合适的工作方法把地震波的传播情况记录下来。

2.1.5.1 地震检波器的安置

目前，地震检波器主要有两大类：一类是动圈式电磁检波器，主要用于陆上地面接收地震波；另一类是压电式检波器，主要用于海上、江河湖泊中接收地震波，也可用于井中观测。

为了使检测器接收到的地震波不失真，除本身设计、制造水平外，在观测时必须使检波器与地表很好地耦合，因此，野外工作时对检波器的安置有严格要求，一般要使检波器达到平、稳、正、直、紧。

2.1.5.2 排列长度的选择

排列长度 S 指距震源最近一道与最远一道间的距离。S 和道间距 Δx，记录道数 N 的关系为

$$S=(N-1)\Delta x$$

因此，若已知 Δx 和 N，也就确定了 S。

1) 道间距 Δx 的确定

道间距 Δx 的选择实质上就是空间采样率问题。它的原则有两个：一是应能满足清晰分辨需要的最小地质体宽度；二是能在地震剖面上正确追踪有效波同相轴。

对 Δx 的实际要求是避免空间假频，它类似于时间域的采样定理，即空间采样间隔 Δx_0 必须小于地震波最小视波长 λ 的一半。

2) 最大炮检距

最大炮检距 x_{max} 的决定因素主要有：反射系数稳定性、叠加效果、动校正拉伸、压制多次波以及速度分析要求等。

3) 最小炮检距

最小炮检距的要求是不应大于最浅目的层深度。

2.1.5.3 地震仪器的要求

地震仪器的要求是非常严格的，一般主要有下述几个方面：

(1) 高放大倍数。

(2) 大动态范围。

(3) 频率滤波性能。

(4) 高分辨率。

2.1.6 地震干扰波及表层结构调查

地震勘探中，能够获得地下地质信息的地震信号称为有效波，一般的有效波为反射波。反之，凡是模糊干扰反射波的其他波都称为干扰波。

干扰波产生的因素主要有3个：

(1) 地下地质因素；

(2) 自然条件、环境因素；

(3) 激发接收条件不良。

根据干扰波的特点，分为无规则干扰波和规则干扰波两大类。

2.1.6.1 无规则干扰波

无规则干扰波又称为随机干扰波，其来源大致可分为三类：

(1) 地面的微震，如一些人为和自然因素等；

(2) 地震信号的记录或处理过程中的仪器噪声；

(3) 地震激发所产生的。

2.1.6.2 规则干扰波

所谓规则干扰波是指具有一定频率和视速度的干扰波。例如面波、声波、浅层折射波以及多次波等。

1) 面波

面波是一种地震勘探中常见的干扰波。在地震勘探中，它的能量一般较强，衰减较慢，具有波散性，常见呈扫帚状散开。

压制方法主要有两种：

(1) 井中激发，当面波较强时要加大井深；

(2) 采用组合检波和组合激发。

2) 声波

声波干扰指在空气中传播的波沿地表传播引起的干扰。

压制方法：在井中爆炸时注好水或用泥沙压紧；坑中爆炸时可加深炮坑。

3) 浅层折射波

浅层折射波在视周期、能量方面与反射波相似，仅同相轴为直线状。

4) 多次波

一般容易产生强烈多次波的区域为：

(1) 地下较浅处存在波阻抗差很大的界面以及波阻抗差较小的薄层反射联合形成的强反射等。

(2) 表层反射条件较好。

2.1.6.3 干扰波的观测方法

观测干扰波的方法主要有以下几种：

(1) 小道间距法；

(2) 重叠排列法；

(3) 直角排列法（L形排列法，垂直排列法）；

(4) 选用最佳激发条件和合适的仪器因素，在试验小道间距（3～5m）排列上接收一两个排列。

2.1.6.4 表层结构调查

低速带是指地表附近一层速度很低的介质。低速带下面往往有一个降速带，降速带下是高速层。

测定低降速带参数的方法有多种，主要有浅层折射法和微地震测井，其次还有浅井井间地震及近几年用于低降速带研究的地质雷达方法。

由于从低速带到降速带，降速带到高速层间存在速度跃升，降速带顶面和高速层顶面往往是良好的折射界面，因此，可用地震折射波法进行探测。浅层折射波法是目前生产中广泛使用的方法。

微地震测井是低速带、降速带参数的直接测量方法。微地震测井有单井、双井微地震测井两种。

地质雷达是利用高频电磁波进行近地表结构研究的。借助地质雷达，可准确测定潜水面深度，划分浅层地质结构，并在一定程度上给出浅层结构的岩性解释，因此可用于低降速带研究。

2.1.7 海上地震勘探概述

海上地震勘探与陆上地震勘探的区别仅在于数据采集方法不同。海上地震资料的数据处理与陆上地震资料数据处理几乎一样，只是对海上资料处理多了几个针对海上特有干扰波和采集方法的处理模块（如反鸣震），而静校正部分比陆上地震资料静校正简单得多，资料解释部分则完全一样。

目前，海上地震数据采集有三种基本方法：海上拖缆法、海底电缆法（OBC）及垂直电缆法（VC）。海上拖缆法是海上地震最常用方法，也是历史最悠久的深水地震方法。海底电缆法因其特有的优点和多波多分量采集解决复杂问题的能力和效果，在近些年得到快速发展。垂直电缆也因独具特色而逐渐发展起来。

2.1.7.1 海上拖缆法

海上拖缆法是由地震船拖着检波器电缆沿侧线进行，边前进边放炮的海上地震方法，如图 2.1.3 所示。

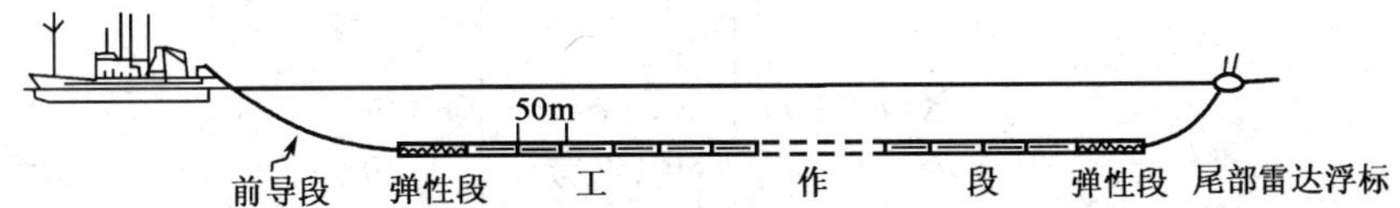

图 2.1.3　海上拖缆法示意图

2.1.7.2 海底电缆法

海底电缆法是将检波器电缆布设在海底，用震源船在水面下放炮的海上地震方法。它适用于水深小于 200m 的海域，包括滩海区。海底电缆法大多用于 3D 地震。

2.1.7.3 垂直电缆法

垂直电缆法是将检波器等间隔布设在海水中的垂直电缆上，电缆下端用铁锚固定，上端用浮筒拉紧。为降低波浪影响，垂直电缆的拉紧段与水面部分用阻断环隔离。为降低海流影响，电缆做得较细（直径小于 25.4mm），外皮里加入减阻材料。

2.1.8 地震勘探组合法

当激发地震波时，既会产生有效波也会产生干扰波。地震组合法就是利用干扰波与有效波在传播方向上的差异，从而达到压制干扰波的方法。

2.1.8.1 检波器的简单线性组合

检波器的简单线性组合就是利用 n 个检波器作线性组合，各检波器等间隔布置，并且各检波器的灵敏度等性质完全相同。

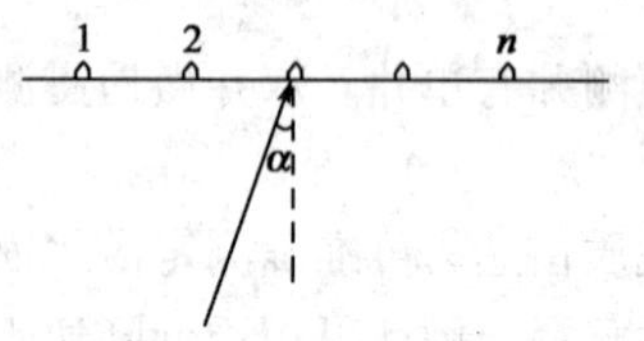

图 2.1.4 检波器简单线性组合

1）检波器简单线性组合的滤波方程

如图 2.1.4 所示，设 n 个检波器组合，组内各检波器间距相等为 Δx，各检波器灵敏度相同。令各检波器顺序编号为 1，2，…，n，有一平面波以入射角 α 入射到测线。

波依次传到 1～n 号检波器，设第 1 号检波器输出地震脉冲的振动函数为 $f_1(t)=f(t)$，频谱为 $g(\mathrm{j}\omega)$。根据时延定理，同时将组合后的合振动和合频谱分别记为 $F(t)$，$G(\mathrm{j}\omega)$，则

$$F(t)=\sum_{i=1}^{n}f_i(t)=\sum_{i=0}^{n-1}f(t-i\Delta t) \tag{2.1.1}$$

$$G(\mathrm{j}\omega)=\sum_{i=0}^{n-1}g(\mathrm{j}\omega)\mathrm{e}^{-\mathrm{j}\omega i\Delta t}=g(\mathrm{j}\omega)\sum_{i=0}^{n-1}\mathrm{e}^{-\mathrm{j}\omega i\Delta t}\qquad \mathrm{j}=\sqrt{-1} \tag{2.1.2}$$

令

$$K(\mathrm{j}\omega)=\sum_{i=0}^{n-1}\mathrm{e}^{-\mathrm{j}\omega i\Delta t} \tag{2.1.3}$$

则

$$G(\mathrm{j}\omega)=g(\mathrm{j}\omega)\cdot K(\mathrm{j}\omega) \tag{2.1.4}$$

由上述公式，可以看出检波器组合输出总信号的频谱等于第一个检波器输出信号频谱乘以一个复变系数 $K(\mathrm{j}\omega)$，组合可以看做一个线性系统；同时还可以看出，$K(\mathrm{j}\omega)$ 实际上是频率 ω、波的视速度、传播方向以及组合参数 n 和组内距 Δx 的函数，也可称 $K(\mathrm{j}\omega)$ 为组合的方向频率特性或组合特性，令 $K(\mathrm{j}\omega)$ 的振幅特性为

$$|K(\mathrm{j}\omega)|=\left|\frac{\sin\left(\omega\frac{n\Delta t}{2}\right)}{\sin\left(\omega\frac{\Delta t}{2}\right)}\right| \tag{2.1.5}$$

相位特性为

$$\theta(\omega)=\frac{1}{2}\omega(n-1)\Delta t \tag{2.1.6}$$

2）简单线性组合的方向特性

研究组合方向特性通常就是固定 ω 值，分析 $|\phi|$（组合检波器的方向特性）与波入射方向的关系。

$$|\phi|=\frac{|K(\mathrm{j}\,\omega)|}{n}=\frac{1}{n}\left|\frac{\sin\left(\omega\frac{n\Delta t}{2}\right)}{\sin\left(\omega\frac{\Delta t}{2}\right)}\right| \tag{2.1.7}$$

因为$\omega=2\pi f=\dfrac{2\pi}{T},\Delta t=\dfrac{\Delta x}{v^*},Tv^*=\lambda^*$，则$|\phi|$可写为

$$|\phi|=\frac{1}{n}\frac{\sin\left(n\pi\dfrac{\Delta x}{\lambda^*}\right)}{\sin\left(\pi\dfrac{\Delta x}{\lambda^*}\right)} \tag{2.1.8}$$

式中 f——频率；

T——周期；

v——视速度；

λ^*——波沿地面测线的视波长。

如图 2.1.5 所示，将 4 个检波器进行简单线性组合，作出$|\phi|-\dfrac{\Delta x}{\lambda^*}$的关系图，此即为组合检波器方向特性曲线。

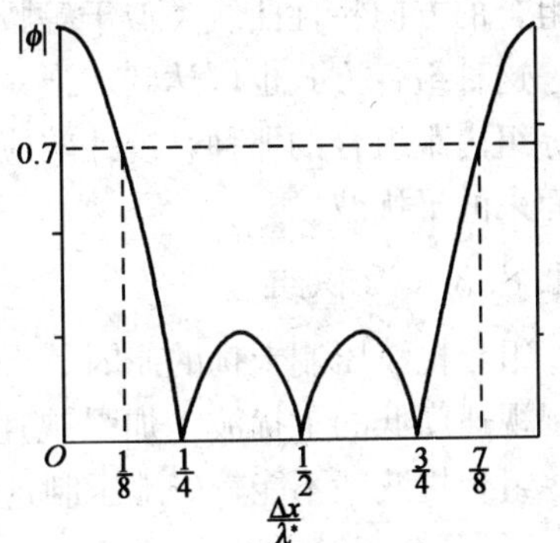

图 2.1.5 4 个检波器简单线性组合方向特性曲线

通常将$|\phi|\geqslant\dfrac{1}{\sqrt{2}}$的区间称为通放带，波落入这个区间，一般都能较好地相对加强；$|\phi|<\dfrac{1}{\sqrt{2}}$的区间称为压制带。

需要指出的是，组合检波的方向特性不仅对干扰波，而且对有效波也同样起作用。只不过有效波Δt一般近似为零而处于通放带内，得到近于n倍的加强而已。

3）组合检波参数对方向特性的影响

简单线性组合参数有组合点数n，组内距Δx与组长δ_x。但δ_x是随n和Δx变化的，所以只要讨论n和Δx的影响就够了。

（1）组合点数n的影响。n大时，沿地面方向具有较好视速度的干扰波也将落入压制带，并且n越大，压制带极值越低，即压制带内$|\phi|$的平均值越小，压制效果越好。

（2）组内距Δx的影响。当Δx增大时，可使给定λ^*值的波向压制带内移动，这等于使通放带相对地变窄，压制带变宽，也就等于方向特性曲线向原点作横向压缩。

通过上述结论，增大n和增大Δx都可增强组合检波的方向效应，从而增强对干扰波的压制，但增大n的效果更好。

组合对地震有效波来讲，相当于低通滤波器，对地震波的高频成分有不同程度的压制作用。

4）简单线性组合检波的缺点

（1）组合检波使地震分辨率降低。

（2）组合检波可能使有效波畸变。

（3）不能压制侧面来的干扰。

（4）削弱浅层反射。

2.1.8.2 不等灵敏度组合

不等灵敏度组合是一种线性组合，和简单线性组合一样，沿测线布置检波器，但各个点

上放置的检波器灵敏度不等。

1）等腰三角形不等灵敏度组合

等腰三角形的方向特性曲线具有如下特点：

(1) 它的通放带宽度与组合点数为 m 的简单线性组合的通放带宽度基本上一样，因此它比相同组合点数的简单线性组合通放带要宽。

(2) 压制带极值基本上为组合点数为 m 的简单线性组合压制带极值的平方，并且没有负值。所以它的压制带极值比简单组合小得多，并且起伏较小。

不等灵敏度组合的优点在于压制带极值低，起伏小，因此对压制带内干扰波压制强度大，效果平稳。它的缺点是统计效应比起用同样多个检波器的其他组合方式相对较弱，因而使用这种组合时，须将若干个灵敏度相同的检波器放在一起。

2）复合线性组合

复合线性组合是将若干组组合点数相同的线性组合叠加，所有检波器皆沿测线布置。这种组合的方向特性曲线类似于等腰三角形不等灵敏度组合。

这种组合方式也可达到加强对干扰波的压制水平，又不致拉长组长的目的。而且相当于不等组内距组合的那种，统计效应比一般不等灵敏度组合的好，但它最大的缺点是不能压制侧面来的干扰波。

2.1.8.3 面积组合

组合检波压制干扰的原因是干扰波与有效波沿检波器排列方向的视速度不同，从而相对压制视速度低的干扰波、加强视速度高的有效波。但当干扰波从垂直检波器排列方向传来时，组合检波就不能较好地压制这种干扰波，此时可采用面积组合。

1）等效变换方法

根据简单线性组合和不等灵敏度组合公式，可用等效变换的方法求得面积组合的方向特性曲线。

等效变换方法是基于平面波的假定，既在组合检波器所分布的面积内，地震波可看做平面波，将面积组合转内各检波器位置投影到波在地面的传播方向上，这样就将面积组合转化为线性组合问题了，这就是等效变换方法。这种投影方法相当于将检波器沿等时面移动，移动后的波至时间不变，其结果是等效的。

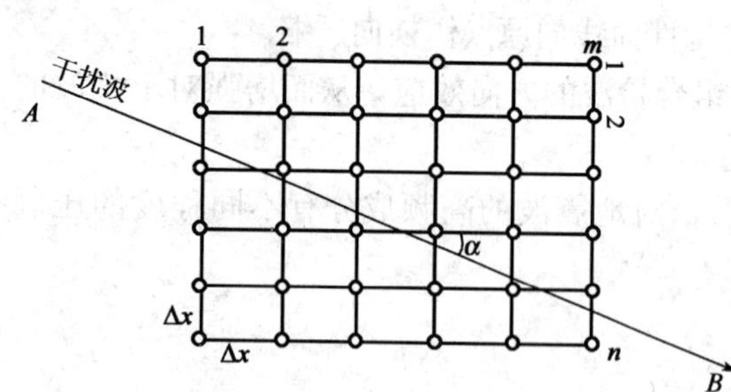

图 2.1.6　矩形面积组合

同一种面积组合，对不同方向传播来的波，其方向效应是明显不同的。同时，面积组合对沿地表各个方向传播的低速干扰波都有压制作用，只是压制水平高低不同罢了。

2）矩形面积组合方向特性

如图 2.1.6 所示，长边上有 m 个检波器，间距为 Δx_m；短边上有 n 个检波器，间距为 Δx_n 。即有 n 行，每行 m 个检波器。其中矩形面积组合的方向特性为

$$\phi = \frac{1}{mn} \frac{\sin\left(\frac{m\omega\Delta t_m}{2}\cos\alpha\right)}{\sin\left(\frac{\omega\Delta t_m}{2}\cos\alpha\right)} \frac{\sin\left(\frac{n\omega\Delta t_n}{2}\sin\alpha\right)}{\sin\left(\frac{\omega\Delta t_n}{2}\sin\alpha\right)} \tag{2.1.9}$$

3）星形面积组合方向特性

星形面积组合如图 2.1.7 所示，它是将 m 条线段组合交于某一点 O，交点为各条线段中点，且各条线段间夹角相等，其中每条线段等间距布置 n 个检波器。

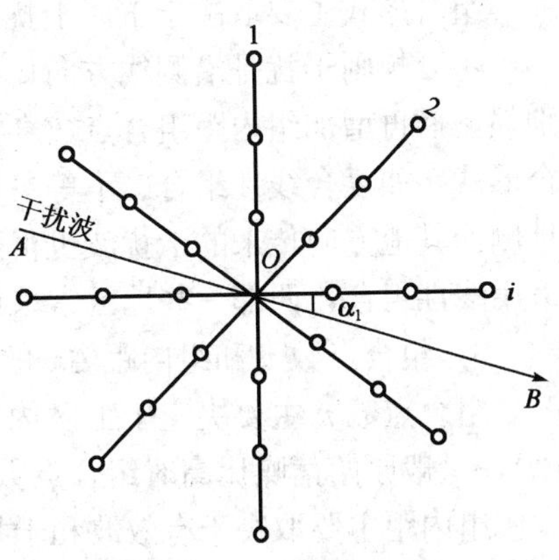

图 2.1.7　星形面积组合

这种星形组合的方向特性 ϕ 为

$$\phi=\frac{1}{mn-(m-1)}\sum_{i=1}^{m}\frac{\sin\left(\frac{n\omega\Delta t}{2}\cos\alpha_i\right)}{\sin\left(\frac{\omega\Delta t}{2}\cos\alpha_i\right)}-\frac{m-1}{mn-(m-1)}\quad（n\text{为奇数}）\tag{2.1.10}$$

或

$$\phi=\frac{1}{mn}\sum_{i=1}^{m}\frac{\sin\left(\frac{n\omega\Delta t}{2}\cos\alpha_i\right)}{\sin\left(\frac{\omega\Delta t}{2}\cos\alpha_i\right)}\quad（n\text{为偶数}）\tag{2.1.11}$$

2.1.8.4　组合检波的统计效应

地震随机干扰是各态历经的平稳随机过程，并且其平均值为零。

1）地震随机干扰的相关半径及统计效应

在地震勘探中，在一定条件下才可以认为两个检波器分别记录下来的随机干扰是不相关的，这个条件就是这两个检波器的距离要达到一定值，可将这个距离值称为“相关半径”。这就是说，两个检波器的距离若大于相关半径，则两者所接收到的随机干扰可认为是不相关的；若两个检波器的距离小于相关半径，则两者接收到的随机干扰就不能认为是独立的，而是有一定的相关性。

若随机干扰是独立的，组合个数 n 足够大，则其组合后的均方差提高为原来的 $\sqrt{n}$ 倍，有效波的振幅增强为原来的 n 倍，那么组合后的信噪比提高为原来的 $\sqrt{n}$ 倍。但当组合内检波器距离小于相关半径时，各检波器接收的随机干扰就不能认为是互相独立的，组合后的信噪比也就不一定提高 $\sqrt{n}$ 倍了。

2）组合检波的“平均效应”问题

所谓组合检波的“平均效应”，某一方面是指因各检波器安置条件的差异、表层地质条件的微小变化等造成的有效波同相轴的畸变，在组内各检波器间相互“平均”作用下而得到改善。组合检波能改善这类原因造成的畸变，也是组合检波统计效应的结果。

2.1.8.5　组合检波的参数选择

确定组合形式和参数的目的是有效压制干扰波，提高信噪比，因此，要正确选择组合形式和参数，必须先了解施工地区的干扰波参数。

1）干扰波调查

通过试验和其他手段，要尽可能详细地搞清工区内干扰波的种类、物理参数、随机干扰特点以及它们在工区内的平面分布特征，浅层地表条件及观测系统的关系等，以此作为选择组合检波方式及参数的依据。

2）组合形式的选择

组合形式主要取决于工区干扰波的性质、类型、强度及工区地表条件。

主要规则干扰是沿测线方向传播的，一般使用沿测线布置的线性组合。若工区内干扰特别强，而再增加组内距组合点数会损害浅层有效波，也会降低分辨率，此时则需采用其他组合形式，如复合线性组合、不等灵敏度组合等。如工区内的干扰波不仅沿测线方向传播，而且侧面其他方向传来的干扰波也很强烈，则此时应采用面积组合。我国东部平原地区目前多采用线性组合，西部一些地区常采用面积组合。

3）组合点数 n 和组内距 Δx 的选择

组合点数 n 主要决定于工区内原始信噪比的大小（即每道用一个检波器接收时的信噪比），一般原始信噪比高时组合点数少些，原始信噪比低时组合点数多些。

组内距主要取决于有效波和干扰波的视速度 v^* 和视频率 f^*。除了应考虑对干扰波的压制作用外，还应充分发挥组合检波的统计效应，尽量使组内距大于随机干扰的相关半径。

4）组合检波参数选择的试验方法

(1）半排列对比法。

半排列对比法的优点是激发因素单一。缺点是每次只能试验一种组合方案，而且每一种组合方案都需准备十多组检波器及组合用的连接导线。因此，不可能做许多种组合方案的试验。

(2）单点检波法。

单点检波法的优点是一次可试验多种组合方法（N 道地震仪最多可同时试验 N 种组合方法），而且不同组合方法及不同炮检距记录道的接收条件是相同的，试验方便、工效高。缺点是多了一道转录手续，而且每一道的激发条件不一样。

2.1.8.6 震源组合激发

震源组合激发可提高有效波强度，同时借助于震源组合可相对压制干扰波，提高信噪比，以配合组合检波获得合格资料。

1）组合激发的方向特性

和组合检波一样，组合激发的方向特性，对于干扰波和有效波是同样起作用的。因此，应适当选择组合参数，不使有效波落入压制带。

2）组合爆炸时组内距的选择

组合激发时，震源点间距的选择，原则上与组合检波相同。但当在井中、坑中等使用炸药震源时，应注意炸药爆炸时将产生一个非弹性区，组合爆炸的经验表明，相邻炮点距离应大于震源非弹性区半径之和。

3）组合激发和组合检波联合使用

当组合激发和组合检波联合使用时，称为联合组合。联合组合时总的方向特性 $|\phi_u|$ 为组合检波方向特性 $|\phi_r|$ 与组合爆炸方向特性 $|\phi_s|$ 的乘积，即

$$|\phi_u| = |\phi_r||\phi_s| \tag{2.1.12}$$

组合激发对随机干扰也有压制作用，其原理与组合检波统计效应相同。

4）组合爆炸与地震分辨率

地震组合法目的是提高信噪比，但同时会降低分辨率，并会使波形失真，因此在选择组合参数时，从保护地震分辨率角度讲，n 越少越好，Δx 越小越好。但在信噪比、高分辨率和高保真度中，首先要考虑的是有起码的信噪比。

2.2 习题解析

2.2.1 名词解释

（1）有效波；（2）地震分辨率；（3）随机干扰的相关半径；（4）炮检距；（5）偏移距；（6）干扰波；（7）规则干扰波；（8）随机干扰波；（9）次生干扰；（10）低速带；（11）面波；（12）声波干扰；（13）地震勘探组合法；（14）组内距；（15）通放带和压制带；（16）不等灵敏度组合；（17）面积组合；（18）等效变换方法；（19）组合检波的“平均效应”；（20）震源组合；（21）联合组合。

2.2.2 填空题

（1）地震勘探分辨率指的是能够________的能力，通常包括有________能力和________能力。

（2）由于波的吸收作用，地震波的视频率随着传播距离的增加而________。

（3）根据炮点和接收点的相对位置，地震测线可分为________和________两大类。

（4）地震勘探根据所要完成的地质任务可分为________、________、________、________等四个阶段。

（5）在布置测线时，一般主测线应________构造走向，联络测线应尽量与主测线________。

（6）地震勘探中，一般在用炮井时，炸药埋藏深度应尽量在潜水面________，尽量避开________，以保证能量损失小些。

（7）地震波传播到地面时通过________将________转变为________。

（8）野外记录中最常见的规则干扰波为________。由于其衰减很快，所以一般采用________距或采用________来压制。

（9）观测系统是指________和________的相对位置关系。

（10）几种常见的二维观测系统主要包括有________、________、________、________等。

（11）海上地震勘探与陆上地震勘探的区别主要在于________的不同。

（12）目前海上地震数据采集主要有________、________、________三种方法。

（13）地震组合法的目的是相对增强________，压制________。

（14）组合检波可分为________和________两大类。

（15）简单线性组合参数有________，________和________。

（16）复合线性组合也可以达到加强对干扰波的压制作用，但又可以达到________的目的。

（17）根据简单线性组合和不等灵敏度组合公式，可用________的方法求得面积组合的方向特性曲线。

（18）组合点数主要取决于工区内________的大小。

(19) 组内距主要取决于有效波和干扰波的________和________。

(20) 组合检波参数选择的试验方法主要有________、________等。

(21) 当组合激发和组合检波联合使用时，称为________。

(22) 在信噪比、高分辨率和高保真度中，首先要考虑的是要有起码的________。

2.2.3 简答题

(1) 选择观测系统的原则有哪些？

(2) 从多次覆盖观测系统综合图上可得到哪四种记录？分析说明共炮点和共中心点反射波时距曲线的异同点？

(3) 有效波与干扰波的主要差异表现在哪些方面？分别用什么方法来压制干扰波？

(4) 给出垂直分辨率和水平分辨率的定义及影响分辨率的主要因素。

(5) 海上和陆地地震勘探中常用的震源类型有哪些？

(6) 炸药震源对井深和药量有何特别要求？

(7) 如何选择合适的道间距才能避免空间假频？

(8) 地震低速带的测定通常采用什么方法？

(9) 地震勘探组合法为什么能够提高信噪比？

(10) 组合检波参数的选取对方向特性有哪些影响？

(11) 组合检波频率特性有哪些副作用？

(12) 简单线性组合检波主要有哪些缺点？

(13) 等腰三角形不等灵敏度组合的方向特性曲线有何特点及该组合方式有何优缺点？

(14) 试述面积组合压制干扰的原理以及优势。

(15) 组合检波参数选择的试验方法主要有哪些及其优缺点？

(16) 震源组合激发对地震分辨率的影响有哪些特点？

2.2.4 计算题

(1) 已知在某一海域进行地震勘探的接收道数 $N=240$，道间距 $\Delta X=25\text{m}$，炮点移动距离 $d=50\text{m}$，采用单边放炮的施工方式，求覆盖次数 n？

(2) 若采用高分辨率地震勘探的时间采样间隔 $\Delta t=1\text{ms}$，由去假频处理系统处理掉最低视速度 6000m/s 时，则空间采样选多少才合适？

(3) 为避免空间采样假频，当地震波的最小视波长分别为 50m、100m、200m 时，空间采样间隔应为多少？

(4) 试计算 3 个检波器简单线性组合的方向特性？

(5) 已知检波器间的组内距为 150m，有效波的时差为 90ms，那么有效波的视速度为多少？

(6) 某工区内，有效波的最低视速度 $v_0=5000\text{m/s}$，频率为 50Hz，干扰波的最高视速度为 $v_{干}=1200\text{m/s}$，频率为 40Hz，若用 7 个检波器作简单线性组合，则组内距应取多大？

2.3 参考答案

2.3.1 名词解释

（1）有效波：地震野外工作时获取的含有地下地质信号的地震信号。

（2）地震分辨率：可分辨的最小地层厚度或最窄地质体的宽度，前者称为地震垂向分辨率，后者称地震横向分辨率。

（3）随机干扰的相关半径：描述地震勘探中随机干扰的一个参数，衡量随机干扰相关的最大半径，通常取振幅的自相关函数第一个零值点对应的位置。

（4）炮检距：炮点到检波器的距离。

（5）偏移距：炮点到离它最近检波器的距离。

（6）干扰波：干扰分辨有效波的其他波，它们也被叫做噪声，又分为规则干扰波和无规则干扰波。

（7）规则干扰波：具有一定频率和视速度的干扰波。例如面波、声波以及海上高频交混回响等。

（8）随机干扰波：又叫无规则干扰波，主要是指无一定视速度、无一定频率、在地震记录上造成杂乱干扰背景的一类干扰波。

（9）次生干扰：是一种不从炮点出发的干扰波，它在正常的生产记录上表现为乱蹦乱跳的杂乱背景，似乎像随机干扰，实际上它并不是随机出现，而是有规则出现的，是有一定视速度的。

（10）低速带：地表附近一层速度很低的介质，“低速带”是勘探地震学中的一个术语。它是地壳最上层由于风化剥蚀和现代沉积以及水文条件等多种因素形成的。

（11）面波：沿地表方向传播、视速度小、视频率较低的波，它能量较强、衰减较慢、具有波散性，常呈扫帚状散开。

（12）声波干扰：空气中传播的波沿地表传播引起的干扰。声波干扰是由于爆炸或其他激发方式引起空气强烈震动产生的。

（13）地震勘探组合法：组合检波和组合爆炸的方法。

（14）组内距：相邻检波器间的距离。

（15）通放带和压制带：允许地震波通过的带称为通放带，压制地震波通过的带称为压制带。

（16）不等灵敏度组合：它是一种线性组合，即沿测线布置检波器但各个点上放置的检波器灵敏度不等。

（17）面积组合：就是将同一组合内的检波器在平面上按一定图形布置，通常有矩形、星形等。

（18）等效变换方法：是基于平面波的假设，即在组合检波器所分布的面积内，地震波可看做平面波，将面积组合内各检波器位置投影到波在地面的传播方向上，这样就将面积化为线性组合问题了，这就是等效变换方法。

（19）组合检波的“平均效应”：所谓组合检波的“平均效应”，是指因各检波器安置条件的差异、表层地质条件的微小变化等造成的有效波同相轴的畸变，能因组合内各检波器间相互“平均”而得到改善。

(20) 震源组合：即将炸药分成若干小包放置在不同炮点上，同时引爆，来压制干扰波，提高信噪比的一种组合方法。

(21) 联合组合：提高信噪比压制干扰波有两种方法：一种是组合激发即震源激发；还有一种是检波器组合。在一些低信噪比地区要同时采用这两种方法才能取得良好的效果，这种组合称为联合组合。

2.3.2 填空题

(1) 分离出两个十分靠近的物体，可分辨的最小地层厚度，可分辨的最窄地质体宽度；

(2) 减小；

(3) 纵测线，非纵测线；

(4) 地震概查，地震普查，地震详查，地震精查；

(5) 垂直，构成网；

(6) 以下 3～5m，低速带；

(7) 地层，弹性能量，有效波；

(8) 多次波，偏移，多次覆盖；

(9) 激发点，接收点；

(10) 简单连续观测系统，双重连续观测系统，间隔简单连续观测系统，多次覆盖观测系统；

(11) 数据采集方法；

(12) 拖缆法，海底电缆法（OBC）法，垂直电缆（VC）法；

(13) 有效波，干扰波；

(14) 线性组合，面积组合；

(15) 检波器灵敏度，组内距，组合点数；

(16) 不致拉长组长；

(17) 等效变换；

(18) 原始信噪比；

(19) 视速度，视周期（或视频率）；

(20) 半排列对比法，单点检波法；

(21) 联合组合；

(22) 信噪比。

2.3.3 简答题

(1) ①纵测线观测系统：炮点和检波点分布在同一条直线上。

②非纵测线观测系统：炮点和检波点分布不在同一条直线上。

③三维观测系统：炮点和检波点分布在一个面积上。

(2) 从多次覆盖观测系统综合图上可得到共炮点、共中心点、共接收点和共偏移距四种记录。共炮点和共中心点反射波时距曲线的相同点为：两者的反射波时距曲线都是双曲线；不同点为：公式中 t_0 的含义不同、反映的界面段长度不同、曲线的极小点位置不同。

(3) ①在传播方向上不同，即干扰波的最大真速度和有效波的视速度范围不同。针对这一类型的干扰波，在野外施工时，往往采用检波器组合的方法压制；在进行资料处理时，还可以采用视速度滤波（$f-k$ 滤波）进行去除。

②有效波和干扰波可能在频谱上有差别。此类干扰波的压制方法主要是野外记录时进行有目的地采取滤波和室内的频率滤波处理。

③有效波和干扰波经过动校正后的剩余时差可能有差别。如今广泛使用的野外多次覆盖、室内水平叠加技术能较好压制多次波；另外，预测反褶积方法对多次波也有良好的压制效果。

④有效波和干扰波在出现的规律上可能不同。对于随机干扰，主要是利用其统计规律进行压制，如多次叠加、组合法等都是有效方法。另外，相关滤波、相干叠加等室内处理方法也有很好的效果。

(4) 垂直分辨率是指可分辨的最小地层厚度。水平分辨率也叫横向分辨率，是指能分辨的最窄地质体的宽度。

相邻很近的反射层，设地震仪记录下来的各界面的反射波脉冲延续时间为 Δt，相邻两个界面的反射波到达时间差为 $\Delta\tau=2\Delta h/v$。若 $\Delta\tau>\Delta t$，则两个界面的反射波完全分开，能分辨；若 $\Delta\tau<\Delta t$，则两个界面的反射波有重叠部分，不能分辨；总之，Δt 越小，分辨率越高。

影响 Δt 和 $\Delta\tau$ 的因素有：

①$\Delta\tau$：地层的厚度和地层的速度。

②Δt：多种因素，震源、激发条件、岩性、记录仪器等。

影响分辨率的因素有 ：

震源、地层吸收、近地表影响、记录仪、偏移归位、信噪比等。

(5) 除炸药震源外常用的非炸药震源有以下四种：

①可控震源。这是一种可以控制所激发地震波频带的震源，所以叫可控震源。它是装在大型卡车或拖拉机上的水力振动器或电磁振动器。

②落重法震源。这是一种最古老的震源。这种震源对自然环境破坏小，但它笨重，单次能量弱，产生的波面强度大。一般需用组合激发，并用组合检波、多次覆盖的方法以获得足够信噪比的记录。

③空气枪。它是利用压缩空气的急骤排出而产生冲击波的装置，其主要部件包括枪身、活塞、电磁阀。

④电火花震源。它是根据液体中放电理论和技术发展起来的一种震源。它利用存储在电容器中的高压电能在一瞬间通过水中电极间高压放电，将电极间的水转化为高温高压的水蒸气，从而产生巨大能量和冲击力的震源。

(6) ①药量选择：要根据表层激发岩性、表层能量衰减情况、目的层埋藏深度（排列长度）、地质任务进行合理选择。目的埋藏深度越深（排列越长），药量越大；表层激发岩性较差的地区，单井药量不能太大，尽量采取适中的药量和组合井激发；如果表层能量衰减较快，接收效果较差的地区，激发药量适当大些。

②激发井深：激发深度选择在潜水面以下若干米为好，一般在潜水面下 3～5m，不同地区具体数字可能不同。在此深度上仍然以在黏土或泥岩中爆炸最好，在含水沙层中激发也可以获得较好记录，只要在潜水面下若干米。爆炸深度太浅时，实际是在低速带中激发，容易产生强面波干扰，难以得到好的资料；激发深度太深，不仅增大了成本，而且会因虚反射干扰及岩性可能变差而导致记录质量变坏，所以激发深度适中为好。

（7）对道间距的要求是避免空间假频，类似于时间域的采样定理。在倾斜界面情况下，空间采样间隔 $\Delta x'$ 必须小于地震波最小视波长 $\lambda_{\min}^*$ 的一半，即 $\Delta x' < \frac{\lambda_{\min}^*}{2} = \frac{v}{4f^* \sin\varphi}$。而地震剖面里相邻道间的距离 $\Delta x'$ 近似为野外数据采集时道距 Δx 的一半，则道间距应满足下式：$\Delta x < \frac{v}{2f^* \sin\varphi}$（其中 φ 为地层倾角，f^* 为视频率）。

（8）测定低降速带参数的折射波法常称为浅层折射法或小折射法。

从低速带到降速带，降速带到高速层间存在速度跃升，降速带和高速层顶面往往是良好的折射界面，因此，可用地震折射波法进行探测。低降速带测定包括低降速带速度和低降速带的厚度测定，主要是根据直达波和折射波的时距曲线来估计的。对于三层介质，同时存在低速带、降速带，可按下列步骤求低速带和降速带参数。

①由直达波时距曲线 $t = \frac{X}{v_0}$，求出低速带波速 v_0；

②由折射波Ⅰ时距曲线计算出降速层波速 v_1；

③由折射波Ⅱ时距曲线计算出基岩波速 v_2；

④由折射波Ⅰ交叉时 t_{01} 求低速带厚度 h_0；

⑤由折射波Ⅱ交叉时 t_{02} 求降速层厚度 h_1。

$$t_{02} = \frac{2h_0}{v_0}\sqrt{1-\left(\frac{v_0}{v_2}\right)^2} + \frac{2h_1}{v_1}\sqrt{1-\left(\frac{v_1}{v_2}\right)^2}$$

$$\Rightarrow \qquad h_1 = \frac{v_1 t_{02}}{2\sqrt{1-\left(\frac{v_1}{v_2}\right)^2}} - \frac{v_1 h_0}{v_0} \cdot \frac{\sqrt{1-\left(\frac{v_0}{v_2}\right)^2}}{\sqrt{1-\left(\frac{v_1}{v_2}\right)^2}}$$

（9）地震勘探组合法包括组合检波和组合爆炸两种方法，组合检波在野外就是将分布在一定范围内的多个检波器连接起来，将其收到的地震信号叠加在一起作为一道地震信号记录下来。组合爆炸则是将分布在一定范围内的多个炮点同时激发，或将同一记录道接收到的不同炮点激发的波叠加在一起，作为一个震源来的波。反射波法地震勘探中的有效波是反射波。来自地下深处的反射波传到地表时，由于低速带的存在，近似垂直地面到达接收点，而地震面波等干扰波的传播方向则是沿着地表的。组合法能加强垂直传播或近于垂直传播的波，相对削弱水平方向的波，这样便提高了信噪比。

（10）①组合点数 n 的影响。通放带边界约为 $\frac{1}{2n}$，可见检波器的个数越多，对干扰波压制范围越宽，即可压制视速度变化范围更宽的干扰波。n 大时，沿地面方向具有较高视速度的干扰波也将落入压制带，并且 n 越大，压制带极值越低，压制效果越好。

②组内距 Δx 的影响。若只改变 Δx 而不改变 n 会使通放带变窄，压制带变宽，也就等于方向特性曲线向原点作横向压缩。如有一种波沿地面视波长为 λ^*，原有的组内距满足 $\frac{\Delta x}{\lambda^*} = \frac{1}{2n}$，即它原处在通放带边界上，则当 Δx 增大后，由于 $\frac{\Delta x}{\lambda^*}$ 增大，它将落入压制带。

由此可见当增大 n 和 Δx 都可以增强对干扰波的压制，但增大 n 的效果更好。

（11）①组合检波使地震分辨率降低。为了提高地震勘探精度，近代地震勘探一直致力于提高地震分辨率。但是，由于组合检波系统有低通滤波作用，它会滤掉地震波的高频成分，使地震波频谱变窄，波形被展宽。显然，这会降低地震分辨率，而且 n 越大，Δx 越大，组长越大，低通滤波作用越强烈，对脉冲波形展宽得越严重。也就是说，加强组合检波器压制干扰能力，是以降低地震分辨率为代价的。要提高地震分辨率，就应缩短组长，由此可见，要加强线性组合对干扰波的压制能力，势必要增大 n 和 Δx，结果增大了组长，降低了地震勘探的分辨率，这是线性组合的一个严重缺点。

②组合检波使有效波波形发生畸变。组合检波既然相当于滤波器，那么它对地震脉冲不同频率成分的作用是不同的，有的频率成分被相对增加，有的被相对削弱，这样，组合后的地震波波形与组合前就不一样，这对压制干扰波固然无害，但对有效波却有害。n 或 Δx 越大，组合的方向特性越强，滤波作用越强，波形畸变越严重。

(12) ①不能压制侧面来的干扰。当干扰波垂直测线方向，即垂直检波器组的排列方向传来时，无论它沿地面视速度多低，都将同时到达各检波器，则 $\Delta t=0$，由上述讨论可知，线性组合对它无压制作用。对近似垂直方向传来的干扰，压制能力也很低。

②削弱浅层反射。要使有效波不受压制，有效波必须满足条件：$\frac{\Delta x}{\lambda^*}\leqslant\frac{1}{2n}$。可见，当采用大组内距、多检波器组合或大组长线性组合时，就可能不满足上述条件，从而使有效波落入压制带。由于浅层反射波的速度较低，对大炮检距接收道而言，波对地面入射角较大，致使波沿测线的视速度降低。因此浅层反射，尤其是大炮检距浅层反射就很容易落入压制带，从而降低了信噪比。

(13) 特点：①它的通放带宽度比具有相同组合点数的简单线性组合通放带要宽。

②压制带极值基本上为组合点数 m 的简单线性组合压制带极值的平方，并且没有负值。所以它的压制带极值比简单线性组合小得多，并且起伏较小。这正是等腰三角形分布不等灵敏度组合的显著特点，这样，既加强了对压制带的干扰波的压制，又不必加大组长。

优点：不等灵敏度组合的优点在于压制带极值低，起伏小，因此对压制带内干扰波压制强度大，效果平稳。缺点：统计效应比起用同样个数检波器的其他组合方式相对较弱，因此使用这种组合时，须将若干个灵敏度相同的检波器放在一起。

(14) 组合检波压制干扰的原因，在于干扰波与有效波沿检波器排列方向的视速度不同，从而相对压制了视速度低的干扰波，相对加强了视速度高的有效波。显然，当干扰波从垂直检波器排列方向传来时，检波器组合就不能压制这种干扰波。因此，当存在多种传播方向的干扰波时，用线性组合效果就不会好，此时，应采用面积组合。特别是对次生干扰，最有效的压制方法就是面积组合。这样面积组合的优点就显现出来了。

(15) ①半排列对比法。将前后排列大线对折，并排放在一起，并将前半排列采用你所选择的组合方式和参数，后半排列使用一个检波器数量尽可能多而总跨距不超过 50m 或 100m（可视测区反射层倾角而定）的面积组合。这样放炮后，以后半排列为标准答案，看前半排列与它的相似程度，如相似性较好，即可把前半排列参数选作生产因素。

这种方法的优点是激发因素单一。缺点是每次只能试验一种组合方案，而且每一种组合方案都准备十多组检波器及组合用的连接导线。因此，不可能做许多种组合方案的试验。

②单点检波法。单点检波法是在一个检波点上接收，在多个炮点激发，炮点间距等于所要采用的道间距；然后通过室内记录道重排，重新排成新的记录道（例如 24 道）。这样，可将要试验的各种组合方案，每种准备一套检波器和导线，作为一道接到记录仪器上。将所有组合方案的检波器组都布置在同一个检波点上（这些组合方案中，要有一组“标准”答案组

合，即前一方法中的那种尽可能多的检波器面积组合）。然后每个炮点激发一次，得一张记录（如共有 M 种组合进行试验，则此记录上就有 M 道）。若布置 24 个炮点便得 24 张原始记录。最后在室内重排，即把每张原始记录上属同一种组合方法的记录道，按炮检距大小重组为一个新的“炮集”，便可得这种组合方法的一张 24 道记录。将各种组合方式的记录显示后，与“标准”记录比较，与“标准”记录最相似的就可作为生产用的组合方式。

这种方法的优点是一次可试验多种组合方法（N 道地震仪最多可同时试验 N 种组合方法）。而且，不同组合方法及不同炮检距记录道的接收条件是相同的，试验方便、工效高。缺点是多了一道转录手续，而且每一道的激发条件不一样（但激发条件不同造成的影响对每一种组合方式都是一样的）。因此，转录所得记录与实际生产中的共炮点记录还是有区别的，但这并不影响试验结果的正确性。

（16）地震组合法目的是提高信噪比，但同时会降低分辨率，并会使波形失真，因此在选择组合参数时，从保护地震分辨率角度讲，n 越少越好。尤其是组合激发，能用单炮激发时就不要用组合激发，以提高分辨率和信号保真度。但在信噪比、高分辨率和高保真度中，首先要考虑的是要有起码的信噪比。特别是一些低信噪比地区，无论是数据采集还是数据处理，都应将提高信噪比放在首位，在具有一定信噪比的条件下，努力做到高分辨率和高保真度。

2.3.4 计算题

（1）解：设炮点移动距离与道间距之比为 k，则

$$k = \frac{d}{\Delta X} = 2$$

由公式 $k = \dfrac{NS}{2n}$（单边放炮 S 为 1，双边放炮 S 为 2），可得

$$n = \frac{NS}{2k} = 60$$

即覆盖次数为 60 次。

（2）解：设地震波的最小视波长为 $\lambda_{\min}$，其中

$$\lambda_{\min} = v_{\min}\Delta t = 0.001 \times 6000 = 6(\mathrm{m})$$

为避免空间假频，空间采样间隔 Δx 必须小于地震波最小视波长的一半，则

$$\Delta x < \frac{\lambda_{\min}}{2} = 3(\mathrm{m})$$

即空间采样间隔不应大于 3m。

（3）解：设空间采样间隔为 Δx，为避免空间假频，则 $\Delta x < \dfrac{\lambda_{\min}}{2}$。

当 $\lambda_{\min} = 50\mathrm{m}$ 时，$\Delta x = 25\mathrm{m}$，

当 $\lambda_{\min} = 100\mathrm{m}$ 时，$\Delta x = 50\mathrm{m}$，

当 $\lambda_{\min} = 200\mathrm{m}$ 时，$\Delta x = 100\mathrm{m}$。

（4）解：设简单线性组合检波器的方向特性为 $|\phi|$。由公式

$$|\phi| = \frac{1}{n}\left|\frac{\sin(\omega\dfrac{n\Delta t}{2})}{\sin(\omega\dfrac{\Delta t}{2})}\right|$$

可得，当 $n=3$ 时，有

$$|\phi|=\frac{1}{n}\left|\frac{\sin(\omega\frac{n\Delta t}{2})}{\sin(\omega\frac{\Delta t}{2})}\right|=\frac{1}{3}\left|\frac{\sin(\omega\frac{3\Delta t}{2})}{\sin(\omega\frac{\Delta t}{2})}\right|$$

式中，Δt 为地震波到达依次检波器的前后时差。

若 $\Delta t\rightarrow 0$ 时，方向特性 $|\phi|\rightarrow 1$ 。

(5) 解：当组内距 $\Delta x=150\text{m}$ ，有效波时差 $\Delta t=90\text{ms}=0.09\text{s}$ 时，有

$$v=\frac{\Delta x}{\Delta t}=\frac{150}{0.09}\approx 1667(\text{m/s})$$

即有效波的视速度为 1667m/s。

(6) 解：已知有效波最低视速度 $v_0=5000\text{m/s}$，频率 $f_{有}=50\text{Hz}$，则有效波的最低视波长为

$$\lambda_{有}=\frac{v_0}{f_{有}}=100\text{m}$$

已知干扰波最高视速度 $v_{干}=1200\text{m/s}$，频率 $f_{干}=40\text{Hz}$ ，则干扰波的最大视波长为

$$\lambda_{干}=\frac{v_{干}}{f_{干}}=30\text{m}$$

因为当 $0\leqslant\frac{\Delta x}{\lambda^*}\leqslant\frac{1}{2n}$ 时为通放带，当 $\frac{1}{2n}<\frac{\Delta x}{\lambda^*}<\frac{2n-1}{2n}$ 时为压制带，设组内距为 Δx，则当 $n=7$ 时，有

$$0\leqslant\frac{\Delta x}{100}\leqslant\frac{1}{14} \quad ①$$

$$\frac{1}{14}<\frac{\Delta x}{30}<\frac{13}{14} \quad ②$$

由式①、②可得

$$2.14\text{m}<\Delta x\leqslant 7.14\text{m}$$

即组内距应大于 2.14m，小于或等于 7.14m。

第3章 共中心点叠加原理

共中心点叠加原称共深度点叠加，又叫共反射点叠加（CDP 叠加）。共中心点叠加法是指在野外用多次覆盖的观测方法，在室内处理中采用水平叠加技术，最终得到水平叠加剖面，这一整套工作称为共中心点叠加法。

3.1 理 论 概 述

3.1.1 共中心点时距曲线方程

前面已经讲过共炮点反射波时距曲线，但真正具有实际意义的是共中心点（共反射点）时距曲线。

3.1.1.1 共反射点时距曲线方程

在野外采用多次覆盖工作方法时，在 O_1，O_2，O_3，…等点激发，在 D_1，D_2，D_3，…等点接收（满足 $O_1M=D_1M$，$O_2M=D_2M$，$O_3M=D_3M$，…），如果界面水平，则每次都能接收到来自界面上同一个 R 点的反射，如图 3.1.1 所示。

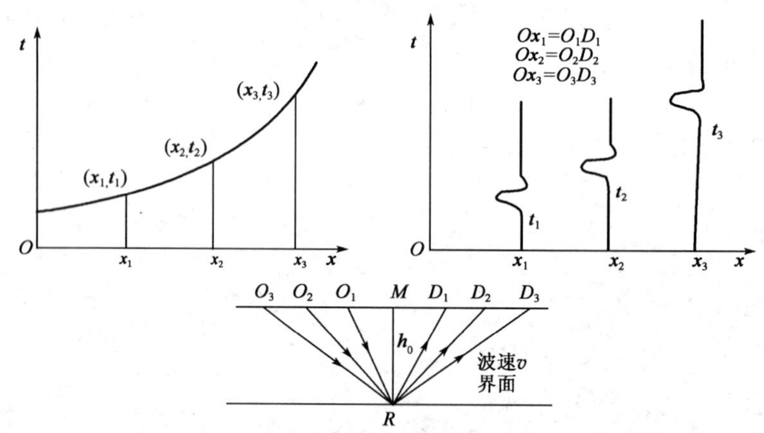

图 3.1.1 水平界面的共反射点道集和时距曲线

可以推导出水平界面共反射点时距曲线方程，即

$$t=\frac{1}{v}\sqrt{x^2+4h_0^2} \tag{3.1.1}$$

式中 x—各道炮检距，m；

t——传播时间；

h_0——共中心点 M 处界面的法线深度，m。

与水平界面共炮点反射波时距曲线方程在形式上是一样的，但应当注意它们在物理意义上的区别：

（1）共炮点反射波时距曲线反映地下一段界面的情况，而共反射点时距曲线则反映了一个反射点的情况。

（2）共炮点时距曲线的 t_0 反映了炮点到界面的法线深度，而共反射点时距曲线反映了炮检距中点的法线深度。

3.1.1.2 共中心点时距曲线方程

如图 3.1.2 所示，当界面倾斜时，对称于 M 点激发和接收所对应的反射点不再是一个点，因而这些道也不再是共反射点道，但是在室内处理时仍按水平界面的情况进行处理，这样做实质上并不是真正的共反射点叠加，而是共中心点叠加，引入共中心点的概念后，可以同时适合于水平界面和倾斜界面的情况。

同时，可推导出倾斜界面情况下共中心点的时距曲线方程，即

$$t=\frac{1}{v}\sqrt{4h_{\mathrm{om}}^2+x^2\cos^2\varphi} \tag{3.1.2}$$

可将其写成标准形式，即

$$t^2=t_{\mathrm{om}}^2+\frac{x^2}{\left(\dfrac{v}{\cos\varphi}\right)^2} \tag{3.1.3}$$

其中

$$t_{\mathrm{om}}=\frac{2h_{\mathrm{om}}}{v}$$

其仍是以纵坐标为对称的双曲线。

3.1.2 多次波及多次覆盖的一些基本概念

3.1.2.1 多次发射波

根据多次波传播路径的特点可将其分为三种：全程多次波、部分多次波和虚反射。

1）全程多次波

在同一个反射界面和观测面间经多次反射而产生的多次波叫做全程多次波，如图 3.1.3 所示。

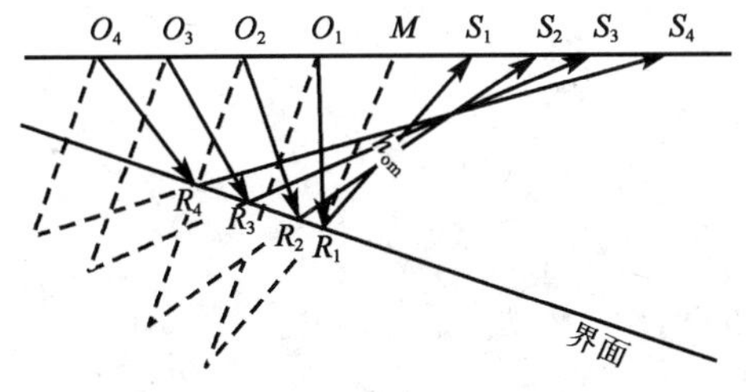

图 3.1.2 倾斜界面的共中心点道集

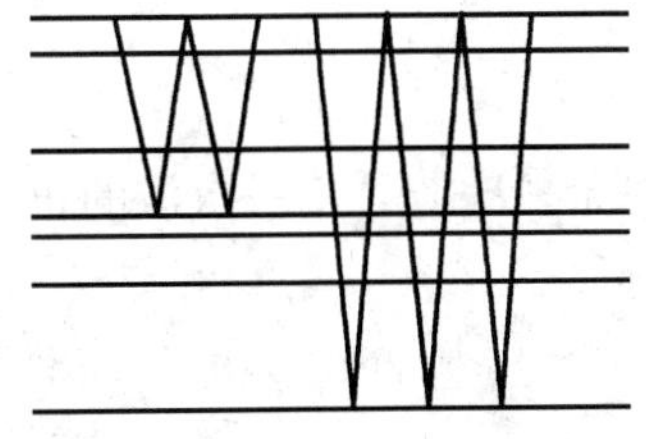

图 3.1.3 全程多次波

2）部分多次波

凡经过地下两个或两个以上界面反射的多次波叫部分多次波，如图 3.1.4 所示。

3）虚反射

当震源在地面下或低速带下，或潜水面以下时，会产生虚反射，即第一次反射发生在地表或低速带底面或潜水面下面的多次反射波，如图 3.1.5 所示。

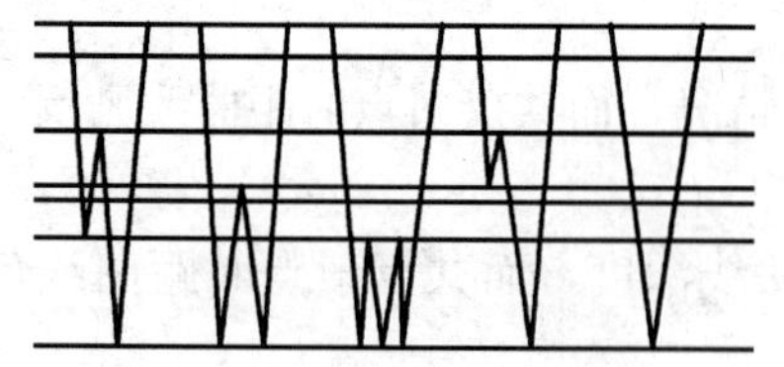
图 3.1.4　部分多次波

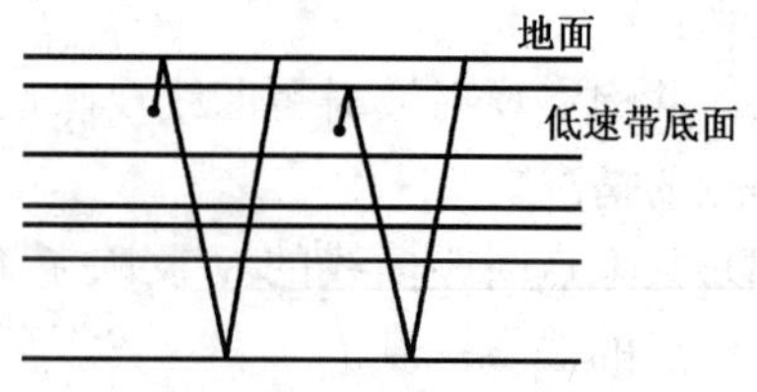

图 3.1.5　虚反射

3.1.2.2　多次波的分布规律

强烈的多次波一般容易发生在下列地区：

（1）地下较浅处存在波阻抗差很大的界面，这些界面有火成岩（如玄武岩）与沉积岩的分界面、基岩顶面及不整合面以及波阻抗差较小的薄层反射联合形成的强反射等。

（2）表层反射条件较好（如低速带厚度不大，潜水面浅，地表平坦等）。

3.1.3　共中心点叠加原理及多次覆盖特性

3.1.3.1　多次波的剩余时差

在水平反射界面的情况下，若上覆地层为均匀介质，则共反射点时距曲线方程为

$$t=\sqrt{\frac{x^2}{v^2}+t_0^2}\approx t_0\left(1+\frac{x^2}{2t_0^2v^2}\right) \tag{3.1.4}$$

式中　x——炮检距；

v——界面以上介质中波速；

t_0——共中心点上自激自收时间。

式（3.1.4）也是正常一次反射波的共反射点时距曲线方程。

对于上下行射线路径对称的多次波，炮检距为 x 的叠加道上的旅行时 t_D 为

$$t_D=\sqrt{\frac{x^2}{v_D^2}+t_0^2}\approx t_0\left(1+\frac{x^2}{2t_0^2v_D^2}\right) \tag{3.1.5}$$

式中　v_D——多次波对应的速度；

t_0——多次波共中心点上的自激自收时间。

对于一次反射波，用一次波的正常时差作动校正，则有

$$t-\Delta t=t-\frac{x^2}{2t_0v^2}=t_0 \tag{3.1.6}$$

对于多次波，用一次波的正常时差作动校正，则有

$$t_D-\Delta t=t_0+\frac{x^2}{2t_0}\left(\frac{1}{v_D^2}-\frac{1}{v^2}\right) \tag{3.1.7}$$

在一般情况下，多次波传播速度小于同 t_0 值的一次波波速，即 $v_D<v$

从式（3.1.7）中可以看到动校正后多次波各叠加道时间与 t_0 有个差值（图 3.1.6），称之为剩余时差，以 δt 表示，即

$$\delta t=\frac{x^2}{2t_0}\left(\frac{1}{v_D^2}-\frac{1}{v^2}\right) \tag{3.1.8}$$

由式（3.1.8）可看出，多次波剩余时差 δ_t 是关于 t_0，x，v_D 和 v 的函数。经过动校正后，各叠加道上的多次波就不同相。

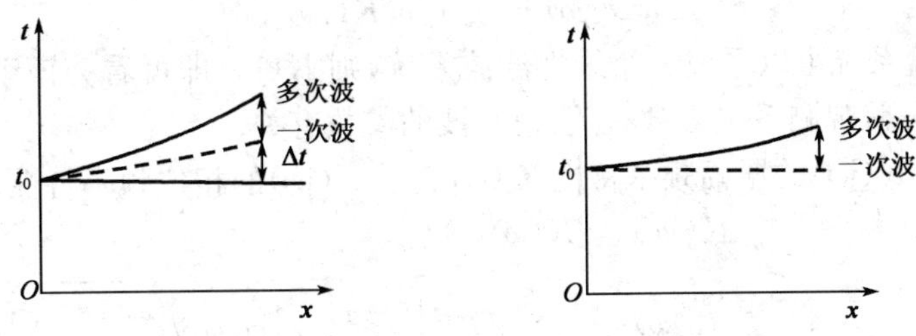

图 3.1.6　多次波剩余时差概念示意图

若 n 个经过动校正后的一次波叠加道相叠加，则视振幅就变为原来的 n 倍；而多次波由于剩余时差的原因，叠加后的视振幅就达不到原来的 n 倍，这样就相对压制了多次波。

3.1.3.2　共中心点叠加原理

共中心点叠加是对共中心点道集进行动校正后叠加，其原理如下：

(1) 共反射点时距曲线由于采用一次反射波的速度进行动校正，动校正后剩余时差 $\delta t=0$，各道反射波相位相同，因而一次反射波叠加后得到加强（图 3.1.7）。

(2) 对于多次波或其他规则干扰波，由于速度的差异，动校正后存在剩余时差，各道的多次波或其他规则干扰波存在相位差，因而叠加后相对削弱。

(3) 对于随机干扰，由于其出现带有随机性，共中心点各道叠加时能互相抵消一部分，因而多次叠加也能使随机干扰相对削弱。

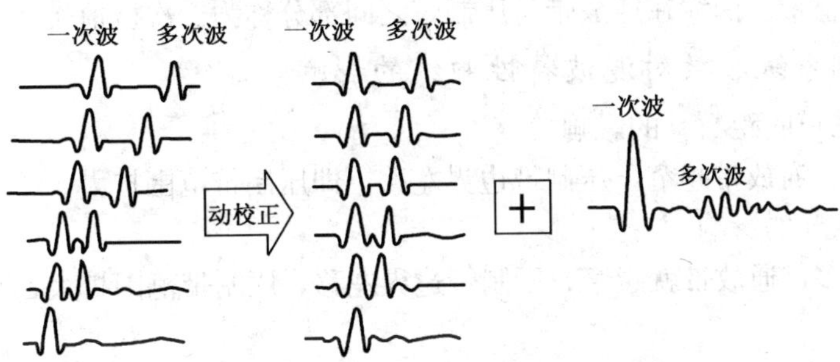

图 3.1.7　共中心点叠加原理示意图

3.1.3.3　多次覆盖的特性函数

设各接收道上的一次波和多次波在波形上相同，只是接收时间不同；并设炮检距为零的波的地震信号为 $f(t)$，其频谱为 $g_0(\mathrm{j}\omega)$，经一次波动校正后各道的剩余时差为 δt_1，δt_2，…，δt_n。

若将各叠加道上的信号叠加起来，则总的输出信号 $F(t)$ 及其对应频谱 $G(\mathrm{j}\omega)$ 分别为

$$F(t)=\sum_{i=1}^{n} f_i(t) \tag{3.1.9}$$

$$G(\mathrm{j}\omega)=\sum_{i=1}^{n} g_i(\mathrm{j}\omega)=g_0(\mathrm{j}\omega)\sum_{i=1}^{n} \mathrm{e}^{-\mathrm{j}\omega\delta t_i} \tag{3.1.10}$$

式中　n——叠加次数。

令

$$K(\mathrm{j}\omega)=\sum_{i=1}^{n} \mathrm{e}^{-\mathrm{j}\omega\delta t_i} \tag{3.1.11}$$

则
$$G(\mathrm{j}\omega)=g_0(\mathrm{j}\omega)K(\mathrm{j}\omega) \tag{3.1.12}$$

因为多次覆盖系统可以看成一个线性滤波系统，则 $K(\mathrm{j}\omega)$ 即可看为该系统的频率特性函数，$K(\mathrm{j}\omega)$ 与多次覆盖观测系统参数有关，也与波的参数有关。

以 $K(\omega)$ 表示 $K(\mathrm{j}\omega)$ 的振幅频率特性，$Q(\omega)$ 表示 $K(\mathrm{j}\omega)$ 的相位频率特性，则
$$K(\mathrm{j}\omega)=K(\omega)\mathrm{e}^{\mathrm{j}Q(\omega)} \tag{3.1.13}$$
$$K(\omega)=\left|\sum_{i=1}^{n}\mathrm{e}^{-\mathrm{j}\omega\delta t_i}\right|=\sqrt{(\sum_{i=1}^{n}\cos\omega\delta t_i)^2+(\sum_{i=1}^{n}\sin\omega\delta t_i)^2} \tag{3.1.14}$$

显然，振幅频率特性 $K(\omega)$ 在 $\delta t_i=0$ 时有最大值 n。为了便于对比分析不同叠加次数的叠加效果，令 $K(\omega)$ 除以叠加次数 n 可得到叠加特性 $P(\omega)$，即
$$P(\omega)=\frac{K(\omega)}{n}=\frac{1}{n}\sqrt{(\sum_{i=1}^{n}\cos\omega\delta t_i)^2+(\sum_{i=1}^{n}\sin\omega\delta t_i)^2} \tag{3.1.15}$$

3.1.3.4 多次覆盖滤波特性曲线

多次覆盖滤波特性曲线可划分为通放带、压制带和二次极值带。

（1）通放带。曲线上 $P>0.707$ 的部分称为通放带。

（2）压制带。直线 $P=\frac{1}{n}$ 与曲线的左边第一个交点定为压制带边界，交点以右的部分称为压制带。

（3）二次极值带。曲线在通放带与压制带之间部分称为二次极值带。

3.1.3.5 观测系统参数对滤波特性曲线的影响

1）偏移距的道间距数 μ 的影响

一般 μ 越大，通放带越窄，压制带边界左移，即压制带范围扩大。

2）覆盖次数 n 的影响

覆盖次数越多，通放带就越窄，压制带边界左移，压制带范围扩大，对多次波的压制效果也越稳定。

3）道间距 Δx 的影响

当 Δx 增大时，将使多次波远离通放带，远离压制带边界而向着压制带内移动，从而使多次波更有把握地落入压制带内。

3.1.4 多次覆盖的统计效应和频率响应

3.1.4.1 多次覆盖的统计效应

多次覆盖对随机干扰也有压制作用，其原理与组合法相同。当各叠加道上的炮检距足够大而使各道记录到的随机干扰互不相关时，理想情况下可使信噪比提高$\sqrt{n}$倍。

虽然组合法和多次覆盖的统计效应遵循相同的数学理论，但实际效果上 n 次覆盖要比 n 个检波器组合的统计效应要好。这是因为这两种野外工作方法有很大差异，多次覆盖中各叠加道随机干扰间能更好地满足“互不相关”这一要求。总之，组合与多次覆盖中随机干扰的产生、接收条件不同，因而实际效果不一样，多次覆盖的效果更好些。

3.1.4.2 多次覆盖的频率响应

多次覆盖具有频率滤波特性，它将造成地震波的畸变，对多次覆盖的频率响应进行分析

就是为了避免这种副作用造成的不良效果。

1）多次覆盖的振幅频率特性

多次覆盖系统的频率特性函数 $K(\mathrm{j}\omega)$ 的振幅频率特性 $K(\omega)$ 为

$$K(\omega)=\sqrt{(\sum_{i=1}^{n}\cos\omega\delta t_i)^2+(\sum_{i=1}^{n}\sin\omega\delta t_i)^2}$$

为了便于比较不同覆盖次数 n 的观测系统的振幅特性，将 K（ω）除以 n，作出以 f 为自变量的$\frac{K\ (\omega)}{n}-f$ 曲线。该曲线具有低通频率滤波性质，对低频谐波分量，多次覆盖具有较好放大能力，对高频分量一般放大能力较低，且起伏变化。

2）多次覆盖的相位频率特性

不同频率的谐波分量叠加后相位移不同，这个相位移既是频率的函数也是各叠加道剩余时差的函数，只要各叠加道剩余时差不为零，这个相位移就存在，并随 ω 而变。一般情况下一次波也有相位畸变，然而由于实际剩余时差很小，这个相位畸变也就不大，一次波波形畸变也就不严重。多次波虽经过叠加后会受到削弱，但并不能彻底消除，还会有剩余能量以同相轴的形式出现，这不是我们所希望的。

3.1.5 多次覆盖观测系统参数选择

多次覆盖压制多次波等干扰波的效果与观测系统及多次波本身的参数密切相关。因此，要达到满意的提高信噪比效果，必须针对工区内多次波的特点仔细选择观测系统的参数。

3.1.5.1 选择观测系统形式

观测系统形式主要根据工作任务而定。一般认为，若工区内多次波干扰不严重，那么主要目的就是提高对随机干扰等的信噪比，则应采用中点激发。若施工主要是压制多次波，则应采用偏移的单边或双边观测系统。

3.1.5.2 覆盖次数 n 的选择

叠加次数 n 的选择，主要根据工区地震地质条件（如多次波的强度、单炮记录的信噪比）而定。

3.1.5.3 确定排列长度

若要有效压制多次波必须有足够长的偏移距和道间距，因此要有足够长的排列长度。

3.1.5.4 施工测线长度的选择

野外工作中，实际施工测线长度要比设计剖面的长度大才能保证原设计剖面的两端有足够的覆盖次数。因此炮点和检波点要向设计剖面两端延伸一段距离。

3.1.5.5 试验工作

由于理论分析有一定的局限性，并且在选择观测系统参数时，所采用的速度资料、多次波参数等不能完全符合工区实际情况，因此根据这些数据而选择的观测系统，往往不能获得理想结果。在许多情况下，根据所掌握的资料计算的结果只能提供试验工作的方向。所以在选择观测系统参数后要经过试验，并根据实际效果，修改原设计，选择最适合工区客观条件的观测系统，然后才能正式投产工作。

3.1.6 影响多次叠加效果的一些因素

影响共反射点多次叠加效果最重要的一点是：动静校正后一次波是否能同相叠加，多次波等干扰波能否非同相叠加而被强烈地压制。而影响动校正值精度的主要原因有速度函数、地层的倾角校正等，因此动校正问题就变得更为复杂了。

3.1.6.1 动校正速度选取不准确的影响

动校正速度选取不准确的影响是在反射界面水平的情况下进行的讨论。

1）速度对一次波的影响

在不同观测系统或地质条件下，一次波对速度精度的要求有如下规律：

(1) 覆盖次数 n 越大，偏移距越大时，通放带越窄，对动校正速度精度要求越高，否则一次波就可能进入过渡带甚至进入压制带。

(2) 界面越深的反射波，即 t_0 越大的反射波速度误差的影响越小；相反，对浅层反射波，速度误差影响大。

(3) 随着道间距 Δx 的增加，允许的最大速度差就要减小。此外，速度误差增大时会加大对地震波高频成分的压制作用，造成有效波分辨率更大的损失。

2）速度对多次波的影响

动校正速度正确与否直接影响到对多次波的压制作用。当动校正速度大于一次波波速时，将使多次波剩余时差更大，这就可能使多次波远离压制带边界向压制带里面移动，有利于对多次波的压制；相反，当动校正速度低于一次波速度时，则多次波剩余时差变小，就可能使某些高速多次波离开压制带而移入过渡带甚至通放带，因而不利于对多次波的压制。

3.1.6.2 地层倾角的影响

当反射界面倾斜时在共中心点多次覆盖观测系统下，各叠加道的反射点并不是重合在一个“共反射点”上，而是散开的。只要反射界面是倾斜的，“共反射点”就不存在，此时便是共中心点多次覆盖。

无论是速度误差，还是界面倾斜对多次覆盖效果的影响，主要结果是造成一次反射波共中心点道集校正后不同相。为了使共中心点道集中一次反射波动校正后为同相，通常使用速度谱方法获得的每个反射波的“叠加速度”进行动校正。

3.2 习 题 解 析

3.2.1 名词解释

(1) 全程多次波；(2) 虚反射；(3) 多次覆盖；(4) 共中心点道集和共反射点道集；(5) 偏移距；(6) 动校正；(7) 剩余时差；(8) 通放带。

3.2.2 填空题

(1) 在野外使用多次覆盖观测方法，那么在室内资料处理时采用________技术，可得到________剖面。

(2) 若叠加道共有 n 道，便可叫做 n 次覆盖，n 可称为________。

（3）对于多次波来说，由于各叠加道上的剩余时差不同，因此经动校正后各叠加道上多次波将会________。

（4）由于多次覆盖和地震组合中随机干扰的产生、接收条件不同，因而实际效果不一样，________的效果更好些。

（5）多次覆盖滤波特性曲线可划分为________、________和________。

（6）多次覆盖压制随机干扰的原理与________相同。

（7）________的准确与否是共反射点多次覆盖效果好坏的关键。

（8）影响动校正值精度的主要原因有________、________等。

3.2.3 简答题

（1）多次波主要有哪些类型？其产生有何特点？

（2）多次波的剩余时差有何特点？

（3）观测系统参数对滤波特性曲线有哪些影响？

（4）多次覆盖和组合法统计效应有何异同点？

（5）多次覆盖的振幅频率特性曲线有何特点？

（6）多次覆盖的相位频率特性有何特点？

（7）多次覆盖参数的选取原则？

（8）影响多次覆盖叠加效果的主要因素有哪些？并叙述其各自影响。

（9）在水平界面情况下，共反射点时距曲线与共炮点时距曲线在物理意义上有何区别？

（10）共中心点叠加的原理是什么？

3.2.4 计算题

（1）试推导出多次波剩余时差的一般表达式。

（2）在水平界面情况下，地震波速度 $v=2000\text{m/s}$，深度 $h=1000\text{m}$，试计算出炮检距 $x=100\text{m}$、200m、400m 时的动校正量。

3.3 参考答案

3.3.1 名词解释

（1）全程多次波：在某一深层界面发生反射的波在地面又发生反射，向下在同一界面发生反射，来回多次，又称简单多次波。

（2）虚反射：井中爆炸激发时，地震波的一部分向上传播，遇到地面再反射向下，这个波称为虚反射。

（3）多次覆盖：按照一定的观测系统对地下某点的地质信息进行多次观测，保障原始记录质量，主要为压制多次波的影响。多次覆盖方法是在地面布置一系列具有共同中心点的震源与接收点，震源和接收点各在中心点一侧，各接收点上的记录道便称共中心点。

（4）共中心点道集和共反射点道集：若界面视倾角为零，多次覆盖时，每次观测到的都是来自地下同一点的反射，该反射点称为共反射点，这些道组成的道集是该反射点的共反射点道集。当界面视倾角非零时，这些叠加道的信号就不是来自同一反射点，此时便是共中心点道集。因此，一般情况下都是共中心点叠加道集，特殊情况下，即界面视倾角为零时才是共反射点叠加。

（5）偏移距：炮点与最近一个接收点之间的距离称为偏移距。

（6）动校正：在水平界面的情况下，从观测到的反射波旅行时中减去正常时差 Δt，得到 $x/2$ 处的时间 t_0。这一过程叫正常时差校正，或称动校正。

（7）剩余时差：把某个波按水平界面一次反射波作动校正后的反射时间与共中心点处的时间 t_0 之差叫剩余时差，即由于未能完全将正常时差消除而剩下的那一小部分正常时差。

（8）通放带：多次覆盖滤波特性曲线可划分为通放带、过渡带和压制带。其中曲线上 $P>0.707$ 的部分称为通放带。

3.3.2 填空题

（1）水平叠加，水平叠加；

（2）叠加次数；

（3）削弱；

（4）多次覆盖；

（5）通放带，压制带，二次极值带；

（6）组合法；

（7）动校正量；

（8）界面倾角，埋深。

3.3.3 简答题

（1）（略）。

（2）假设在界面 D 上二次反射波和界面 P 上的一次反射波有同一个 t_0，即 $t_0=t_{0D}$。利用一次波的速度 v 进行动校正，多次波的剩余时差 δt_D 为

$$\delta t_D = t_D - t = \frac{x^2}{2v_d^2 t_0^2} - \frac{x^2}{2v^2 t_0} = \frac{x^2}{2t_0}\left(\frac{1}{v_d^2} - \frac{1}{v^2}\right)$$

①当 $t_0=t_{0D}$时，$v>v_d$，则 $t_D>t_d$，$t_D>t$，$\delta t_D>0$

(i) 动校正后表现为校正不足，

(ii) 其剩余时差随炮检距的增大而增大。

②公式简化。将与炮检距 x 无关的项用 q 代替，令

$$q = \frac{1}{2t_0}\left(\frac{1}{v_d^2} - \frac{1}{v^2}\right)，则\ \delta t_D = qx^2$$

式中 q——多次波的剩余时差系数。

③多次波的剩余时差是按抛物线规律变化的。

(i) 与炮检距 x 的平方成正比。

(ii) 与 t_0 成反比，而 v_d、v 在一定的地区也随 t_0 而变，总的说来 q 是 t_0 的函数。

（3）～（10）（略）

3.3.4 计算题

(1) 解：考虑一个两层反射界面（D 和 P）的地质构造中，在同一观测点得到来自界面 D 上的二次全程反射波以及来自界面 P 上的一次反射波。把二次全程反射时间等效为界面 D'上的一次反射时间。对于 P 界面上 R 点的反射时间同样可以用等效速度 v 来表示。

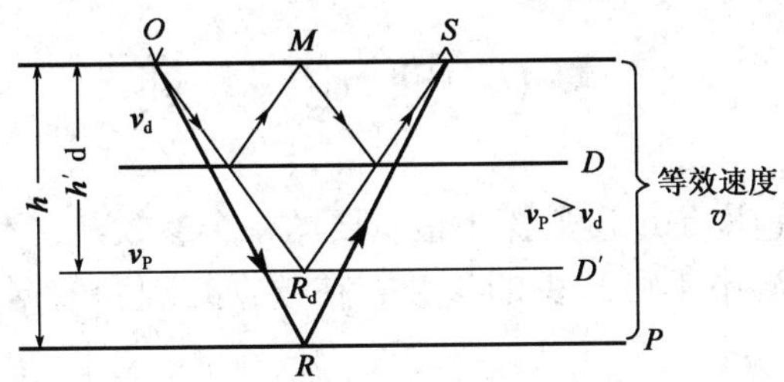

图 3.3.1　等旅行时的多次反射波和一次反射波示意图

对于 P 界面的一次反射波旅行时表示为

$$t=\frac{1}{v}\sqrt{4h^2+x^2}=t_0\sqrt{1+\frac{x^2}{v^2t_0^2}}\approx t_0\left(1+\frac{x^2}{2v^2t_0^2}\right)$$

界面 D 上多次波可看成等效界面 D'处的一次反射旅行时，有

$$t_D=\frac{1}{v}\sqrt{4h_d^2+x^2}=t_{0d}\sqrt{1+\frac{x^2}{v_d^2t_{0d}^2}}\approx t_0\left(1+\frac{x^2}{2v_d^2t_{0d}^2}\right)$$

假设在界面 D 上二次反射波和界面 P 上的一次反射波有同一个 t_0，即

$$t_0=t_{0D}$$

当 $t_0=t_{0D}$时，利用一次波的速度 v 进行动校正，多次波的剩余时差 δt_D 为

$$\delta t_D=t_D-t=\frac{x^2}{2v_d^2t_0^2}-\frac{x^2}{2v^2t_0}=\frac{x^2}{2t_0}\left(\frac{1}{v_d^2}-\frac{1}{v^2}\right)$$

(2) 解：因为是水平界面，有

$$t_0=\frac{2h}{v}=\frac{2\times1000}{2000}=1(\mathrm{s})$$

动校正量为 $\Delta t=\frac{1}{v}\sqrt{x^2+4h^2}-t_0$，则

$$\Delta t|_{x=400\mathrm{m}}=\left(\frac{1}{2000}\times\sqrt{400^2+4\times1000^2}-1\right)=0.01980(\mathrm{s})$$

$$\Delta t|_{x=200\mathrm{m}}=\left(\frac{1}{2000}\times\sqrt{200^2+4\times1000^2}-1\right)=0.00499(\mathrm{s})$$

$$\Delta t|_{x=100\mathrm{m}}=\left(\frac{1}{2000}\times\sqrt{100^2+4\times1000^2}-1\right)=0.00125(\mathrm{s})$$

第4章 地震波速度

4.1 理论概述

岩层中地震波传播速度是地震勘探中最重要的一个参数，它不仅是地震时深转换的必需参数，也是储层物性预测中不可缺少的参数，在数据处理和数据采集设计中都有着重要的应用。

4.1.1 地震波速度的影响因素及纵横波速度关系

4.1.1.1 影响因素

1）弹性模量

经典弹性力学指出，在均匀各向同性完全弹性介质中，波速取决于介质的弹性模量，即

$$v_{\mathrm{P}}=\sqrt{\frac{\lambda+2\mu}{\rho}}\text{ 或 }v_{\mathrm{P}}=\sqrt{\frac{K+\frac{4}{3}\mu}{\rho}},v_{\mathrm{S}}=\sqrt{\frac{\mu}{\rho}}$$

式中 ρ——介质体积密度；

λ——拉梅常数；

μ——剪切模量；

K——体积模量。

2）岩性

不同岩性的地层速度不同，不同岩石的速度变化范围也不同，一般情况下变化范围如下：

沉积岩：1500～6000m/s；

花岗岩：4500～6500m/s；

玄武岩：4500～8000m/s；

变质岩：3500～6500m/s。

3）密度

早在1974年，Gardner等主要依据北美地区大量的试验测量和野外观测资料，统计出沉积岩中纵波速度与体积密度之间的关系（Gardner公式）：

$$\rho=0.31v_{\mathrm{P}}^{0.25}$$

式中 v_P——纵波速度，m/s。

值得注意的是，不同地区的速度与密度之间的关系是不一样的。所以要根据各地区的实际资料来统计找到该区的经验公式。

4）孔隙度

地震波在这种结构的岩层中传播时，实际上相当于它在岩石的骨架和孔隙两种介质中传播。一般来说，地震波在孔隙流体中的传播速度远小于它在岩石骨架中的传播速度，孔隙度

的大小和地震波的速度成反比，即：同样岩性的岩层，孔隙度较大时，地震波速度值相对较小。Wyllie（1956）提出了表示两者间关系的数学表达式——Wyllie 时间平均方程，即

$$\frac{1}{v_P}=\frac{1-\phi}{v_m}+\frac{\phi}{v_f}$$

式中 v_P——流体饱和岩石中波速；

v_m——岩石骨架速度；

v_f——流体速度。

在用于较深地层的岩石时，此公式更加准确。

5）埋深

埋深增加时波速通常要增大。一般来说，随深度的增加地震波速度也增大。不同的地区，速度随深度变化的垂直梯度可能相差很大。一般来说，在浅处速度梯度较大，深度增加时，梯度减小。

6）压力

压力对致密岩石和多孔岩石波速的影响是不同的。

（1）致密岩石。

压力对致密岩石的影响很小，一般可忽略。

（2）孔隙介质。

上覆压力：地层上方所有固体和流体物质所引起的垂直压力。

流体压力：与地层相平衡的自由流体所产生的压力。

骨架压力：岩石骨架所受到的压力（有效压力）。

骨架压力＝上覆压力－流体压力。

只有上覆压力和孔隙流体压力之差才能决定孔隙介质中的速度变化值。当骨架压力增大时，速度变大。

7）孔隙流体

（1）未固结砂岩中流体饱和度对 P 波速度的影响。

①油水两相。当含水饱和度从 0 变化到 1，也就是从完全含油到完全含水，砂岩的波速是单调增大的。当深度增大时，总的变化值减小。

②气水两相。当含水饱和度从 0 变化到 0.8 时，波速是随之缓慢减小的，然后随着含水饱和度的增大而增大，在含水饱和度为 0.95 时急剧增大。

（2）固结砂岩中流体饱和度对 P 波速度的影响。

①饱含液体时比饱含气体时 P 波速度要高。

②P 波速度随含水饱和度的变化是非线性的。

③当原先充满液体的孔隙空间变成含有少量气体时，P 波速度明显降低。

④深度增大时，P 波速度随含水饱和度变化的幅度变小。

⑤横波速度几乎不受含水饱和度的影响。

8）温度

温度的变化也会使岩石的密度和弹性参数发生改变，主要是使孔隙中流体的弹性参数发生变化。当 Wang 和 Nur（1990）温度从 22℃到 122℃时，含气砂岩速度变化约 5%；含水砂岩速度变化约 5%～7%，饱和轻质油砂岩速度变化约 6%～8%，饱和重质油砂岩速度变化较大，约 15%～30%。

9）地质年龄

岩石地质年龄越老，速度越高。因为岩石年龄越老，受到压实时间越长，岩石变得越致密，速度也就越高。

4.1.1.2 纵波速度和横波速度的关系

不少研究者只是对某一特定地区特定的岩性进行分析从而得出经验公式，所以这些经验公式只能在这些特定的情况下使用，而不能生搬硬套。常见的经验公式如下所示：

（1）Castagna（1985）泥岩线公式：

$$v_P = 1.360 + 1.16 v_S$$

Castagna 认为这个公式不仅适用于泥岩，也适用于细粒砂岩。

（2）Smith（1987）趋势线公式：

$$v_P = 0.790 + 1.425 v_S$$

（3）甘利灯（1990）使用胜利、辽河及中原油田的井资料拟合得到直线方程：

$$v_P = 0.937 + 1.35 v_S$$

（4）李庆忠（1992）综合 Castagna、Smith 和甘利灯的数据，采用抛物线拟合，得到如下方程：

$$v_P = 0.0874 v_S^2 + 0.994 v_S + 1.250$$

4.1.2 常用速度

4.1.2.1 平均速度 v_a

平均速度 v_a 表示在水平层状介质中波沿直线传播所走的总路程与所用总旅行时之比。

$$v_a = \frac{h_1 + h_2 + \cdots + h_n}{\frac{h_1}{v_1} + \frac{h_2}{v_2} + \cdots + \frac{h_n}{v_n}} = \frac{\sum_{i=1}^{n} h_i}{\sum_{i=1}^{n} \frac{h_i}{v_i}}$$

4.1.2.2 均方根速度 v_R

把水平层状介质情况下的反射波时距曲线近似地当做双曲线，求出的波速是这一水平层状介质的均方根速度。

它是把水平层状介质、连续介质情况下时距曲线方程做一定的限制和简化，与水平均匀介质情况下时距曲线方程类比得出的速度形式。

4.1.2.3 等效速度 v_φ

倾斜界面时，均匀覆盖介质情况下的共中心点时距曲线方程为

$$t = \frac{1}{v}\sqrt{4h_0^2 + x^2 \cos^2\varphi}$$

式中 v——介质的速度；

h_0——共中心点处界面的法线深度；

φ——界面倾角。

通常写成下面的形式，即

$$t^2 = t_0^2 + \frac{x^2}{v_\varphi^2}$$

其中，$v_{\varphi}=\dfrac{v}{\cos\varphi}$为等效速度。等效速度的意义是：

(1) 倾斜界面情况下共中心点道集的叠加效果存在着两个问题：①反射点分散；②动校正不准确。

(2) 如果用等效速度 v_{φ} 代替 v，倾斜界面共中心点时距曲线就相应地变成水平界面形式的共反射点时距曲线，也就是说用等效速度按水平界面动校正公式对倾斜界面的共中心点道集进行动校正，可以取得很好的叠加效果，没有剩余时差，解决了动校正不准确的问题。

(3) 不足之处：反射点分散的问题并没有得到解决，只能通过偏移叠加才能得到妥善处理。

4.1.2.4 叠加速度 v_{d}

在实际工作中，通过计算速度谱来求取速度的，就是对一组共反射点道集上的某个同相轴，利用双曲线公式选用一系列不同的速度 v_i 计算各道的动校正量，对各道进行动校正，当取某一个 v_i 能把同相轴校成水平直线（将得到最好的叠加效果）时，这个 v_i 就是这条同相轴对应的叠加速度 v_{d}。

4.1.2.5 正常时差速度

正常时差速度是以沿法线入射射线的地层参数表示的速度，是无穷小排列上的叠加速度。

4.1.3 速度的测定和计算

4.1.3.1 由速度谱计算速度的方法

1) 速度谱的制作原理

共中心点反射波时距曲线可看成一条双曲线。设共中心点道集上有一个反射波同相轴，那么，根据这个同相轴的 t_0 值以及相应的速度值和各道的炮检距就可以计算出道集内各道的动校正量 Δt_x，对这个道集进行动校正，使双曲线形状的同相轴被校正成水平直线形状的同相轴。动校正公式为

$$\Delta t_x=\sqrt{\left(\frac{x}{v}\right)^2+t_0^2}-t_0$$

如果速度选取得正确，动校正量 Δt_x 就合适，动校正后的共反射时距曲线就是水平直线。所谓速度谱分析，就是利用这个原理，即选用一系列不同的速度值对共反射点时距曲线进行动校正，当能把共反射点时距曲线校正为水平直线时的速度值，就是合适的叠加速度。

共反射点时距曲线校正为水平直线的方法有下面两种。

(1) 叠加速度谱法。

叠加速度谱：把这些共反射点道集进行校正并叠加。如果校正成直线了，则各道的波形都没有相位差，叠加后的波形能量最强。如果没有校正成直线，各道的波形仍然存在相位差，叠后的波形能量较弱。

(2) 多道相关法。

多道相关函数法：计算共反射点道集的多道相关函数，根据相关函数值的相对大小来判断是否同相。

2）由叠加速度计算层速度和平均速度

当地下界面为水平时，由速度谱求得的叠加速度等于均方根速度。

迪克斯公式为

$$v_n=\sqrt{\frac{v_{R,n}^2t_{0,n}-v_{R,n-1}^2t_{0,n-1}}{t_{0,n}-t_{0,n-1}}}$$

式中 v_n——第 n 层的层速度；

$t_{0,n}$——第 n 层底面双程垂直旅行时；

$t_{0,n-1}$——第 n 层顶面双程垂直旅行时；

$v_{0,n}$——第 n 层底面均方根速度；

$v_{0,n-1}$——第 n 层顶面均方根速度。

已知第 n 层的均方根速度 $v_{R,n}$、垂直反射时间 $t_{0,n}$、第 $n-1$ 层的均方根速度 $v_{R,n-1}$ 和垂直反射时间 $t_{0,n-1}$，就可以计算出第 n 层的层速度。

平均速度的定义公式为

$$v_a=\frac{h_1+h_2+\cdots+h_n}{\frac{h_1}{v_1}+\frac{h_2}{v_2}+\cdots+\frac{h_n}{v_n}}=\frac{\sum_{i=1}^{n}h_i}{\sum_{i=1}^{n}\frac{h_i}{v_i}}$$

将层速度代入，即可求取平均速度。

4.1.3.2 由 VSP 测井资料计算速度的方法

垂直地震剖面 VSP，是一种井中地震方法。用 VSP 法获得的平均速度数据是地震勘探中获得平均速度最准确的方法。

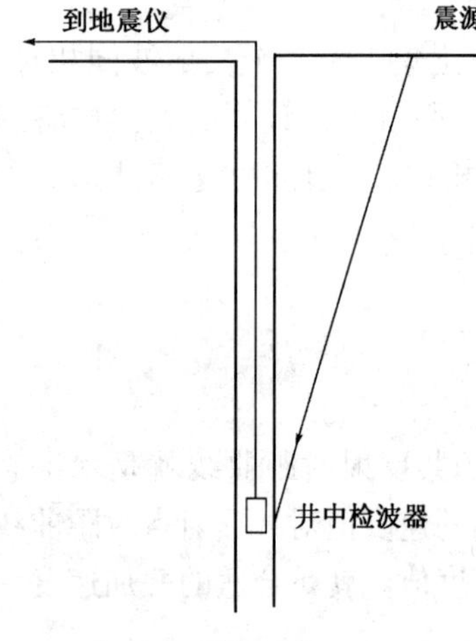

图 4.1.1 VSP 测井示意图

1）工作方法

VSP 法是将检波器置于井下接收来自地面震源的信号，如图 4.1.1 所示。

（1）炮点位置的确定。

①井源距越小对速度分析越有利，但为了观测井的安全，须偏离观测井一段距离，一般小于 100m。

②当地层倾斜时，炮点应布置在地层下倾方向，以防止折射波的干扰。在地层上倾方向放炮时，容易接收到折射波，在地层下倾方向放炮时，不易接收到折射波。

（2）炮井距 d 的选择。

①炮点不能太远。射线平均速度一般大于平均速度，尤其在浅层更为显著，深层速度逐渐靠近平均速度。因此 d 应该尽量小一些。

②炮点不能太近。若 d 太小则可能出现电缆波或套管波的干扰，对深井来说也不安全。所以，d 不能选得太小。

2）速度计算

（1）基准面校正：各 VSP 井的井口高程、炮井深度一般是不同的。

（2）计算沿垂直方向从基准面到井中检波器的单程旅行时：

$$t=\frac{Ht_{\mathrm{r}}}{\sqrt{H^2+d^2}}$$

式中 d——井源距，m；

t_{r}——波从震源到井中深度 H 的旅行时，s；

H——从基准面起算的井中检波器观测深度，m。

又因为平均速度 $v_{\mathrm{a}}=\frac{H}{t}$，进而由井中相邻两测点的深度 H_{i+1}，H_i 和对应的单程旅行时间 t_{i+1}，t_i，可以计算出层速度，即

$$v_{n,i}=\frac{H_{i+1}-H_i}{t_{i+1}-t_i}$$

由于井中测点是等间隔布置，各测点一般都不在岩性界面或地层年代分界面上，所以得到的“层速度”一般不是某岩性或地质意义上某地层的层速度，也不是速度分层的层速度。实际上仅仅表示 H_{i+1}与 H_i 两个深度间隔之间距离与旅行时之比，因此也称之为“间隔速度”。

3）资料的整理

（1）利用得到的 t 和 v_{a}，把数据画在坐标系中，就能得到平均速度随 t 变化的曲线（图 4.1.2）。

（2）把对应数据点标在坐标系中，得到沿垂直向下方向传播的距离与传播时间之间的关系曲线，叫做垂直时距曲线。

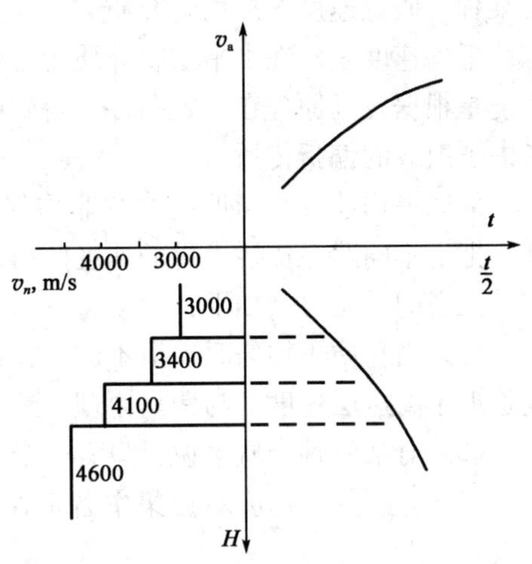

图 4.1.2 VSP 资料整理结果

（3）当速度分层明显时，根据垂直时距曲线求出各层的层速度 v_n，可以作出 v_n - H 曲线，其反映了层速度随深度变化的情况（图 4.1.2）。

4.1.3.3 由声波测井获取速度资料

声波测井是矿场地球物理的一种常规测井方法。这种方法可获得高分辨率的层速度数据，地震勘探中主要利用它来制作合成地震记录以及计算层速度。

1）求平均速度

$$v_{\mathrm{a,h}}=\frac{H}{t_H}=\frac{H}{\int_0^H\tau(h)\mathrm{d}h}$$

式中 τ——声波测井值，μs/m；

H——深度，m。

2）求层速度

$$v_k=\frac{1}{\tau_k}$$

式中 τ_k——所求层位的声波测井值，μs/m。

3）影响声波时差测井精度的因素

（1）井径变化。

（2）周波跳跃：在某些情况下（地层含气）由于折射波太弱不足以先后触发两个接收

器，第二个接收器被后来的续至波触发，这时测得的时差将增大，其增大量是声波周期的倍数。

（3）泥浆侵入井壁造成的岩性变化。

（4）岩层厚度太薄。

（5）仪器本身。

4.1.4 各种速度间的关系

4.1.4.1 均方根速度、平均速度、射线平均速度间的关系

平均速度和均方根速度都是对介质模型作了不同的简化，都是把不均匀的介质简化为具有某种“假想速度”的均匀介质。

平均速度表示在水平层状介质中，波沿直线传播的总路程与所用总旅行时之比。均方根速度是根据费马原理在一定条件下得到的近似结果，相比平均速度均方根速度从某种程度上考虑了射线的偏折传播。

射线平均速度：当地震波在非均匀介质中传播时，沿不同的射线路径有不同的传播速度，把沿不同路径传播求得的速度叫射线平均速度。

三者的关系总结如下：

（1）当介质不均匀时，沿不同路径计算的射线平均速度不同，炮检距增大，射线平均速度趋近于高速层速度，与费马原理一致。

（2）对某一种介质来说，只有一个平均速度和一个均方根速度。而射线平均速度却不唯一，因此，用同一速度对道集中各道作动校正，不能完全校正准确，误差随炮检距增加而增大。

（3）平均速度一定小于或等于均方根速度。

（4）射线平均速度、平均速度、均方根速度三者有如图 4.1.3 所示的关系。

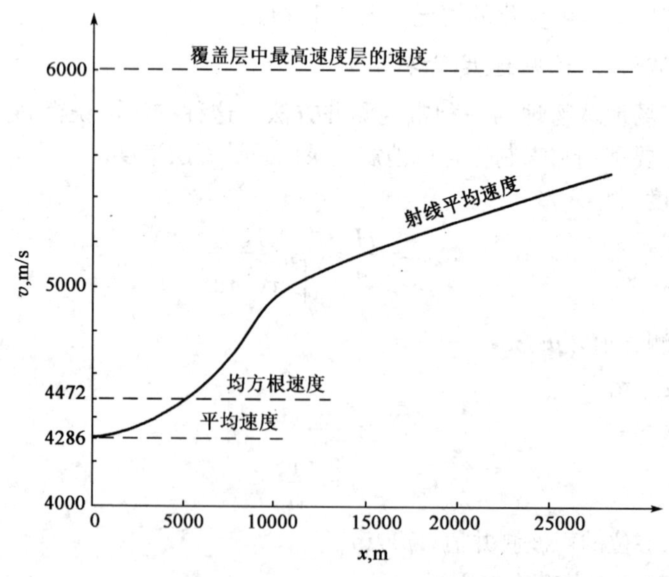

图 4.1.3 均方根速度、平均速度、射线平均速度间的关系示意图

4.1.4.2 地震测井和声速测井的异同点

（1）相同点：都可以有效地求取平均速度和层速度。

（2）不同点：

①取得速度资料的方法不同。地震测井信号频率在20～80Hz；而声速测井在20kHz。实际生产中，地震测井更精确。

②工作条件不同。前者工作复杂，效率低，不方便；后者可与测井同时进行，效率高，方便。

③所得资料不同。地震测井干扰小，平均速度误差小精度高；后者连续性好。

4.2 习题解析

4.2.1 名词解释

（1）骨架压力；（2）平均速度；（3）均方根速度；（4）叠加速度；（5）正常时差速度；（6）等效速度；（7）射线平均速度；（8）速度谱；（9）VSP；（10）周波跳跃

4.2.2 填空题

（1）假设地震波的传播________，在地层中每个点上都是________的，这样的地层叫均匀介质。

（2）地震波的速度与孔隙度成________。

（3）地震波的速度一般随岩石埋藏深度的增加而________。

（4）地震波的传播速度与岩石的______性质有关，不同的岩石由于________性质不同，地震波的速度也不一样。

（5）地震波在不同岩石中传播速度各不相同，在变质岩和火成岩中传播速度较________；在沉积岩中传播速度较________。

（6）地表波在石油中传播速度为________ m/s至________ m/s；在石灰岩中传播速度为________ m/s至________ m/s。

（7）地震波的速度与孔隙度成________；同种性质的岩石，孔隙度越大地震波速度越________；反之则越________。

（8）描述地震波速度与岩石孔隙度的经验公式是________平均方程。公式为$1/v=(1-\phi)/v_m+\phi/v_L$。式中$v$是________；$v_L$是孔隙中________；$\phi$是岩石________。

（9）地震波在岩石中的传播速度与岩石的孔隙度成______比；与岩石的密度成________比。

（10）岩石孔隙中充满水时的速度________充满油时的速度，充满油时的速度________充满气时的速度。

（11）地震波速度，一般随地层深度的________而增大，随地层压力的增大而________。

（12）岩石年代越老，其速度越________，反之越________。

（13）在速度谱上拾取的速度是________；在时—深转换尺上读取的速度是________。

（14）声波测井主要是用于求取________速度和________速度。

4.2.3 简答题

（1）地震波在岩石中的传播速度主要受哪些因素影响？

（2）为什么利用地震波速度区分岩性有多解？

（3）在没有地层密度的情况下，如何利用地震波速度计算密度？

（4）均方根速度的概念是怎样引入的？

（5）如何测定地震平均速度？

（6）如何求取叠加速度？叠加速度谱如何得到，如何解释？

（7）平均速度为什么小于或等于均方根速度？

（8）什么是叠加速度？如何用叠加速度简化各种介质的共反射点时距曲线方程？

（9）速度谱的原理是什么？

（10）叠加速度谱和相关速度谱的差异？

（11）速度谱的时窗长度怎样选择？

（12）速度谱的速度扫描范围如何选择？

（13）怎样用速度谱计算层速度？

（14）计算层速度时如何进行倾角校正？

（15）速度谱的时间间隔怎样选择？

4.2.4 计算题

（1）地下有一水平界面，其上介质的速度为3000m/s，从水平叠加剖面上知其反射时间为2.25s，试问此反射界面的深度是多少？

（2）若有效波的视周期 T^* 为25ms，波速 v 为3500m/s，那么此有效波的视频率 f^* 与视波长 λ^* 是多少？

（3）若检波器距离 Δx300m，面波的时差 Δt 为1400ms，那么面波的视速度 v^* 是多少？

（4）计算不同孔隙度的砂岩速度。

已知：砂岩骨架速度 v_m=5200m/s，孔隙中充气的气速度 v_l=430m/s，求：孔隙度 ϕ=0.1时，砂岩速度 v=？

（5）计算孔隙中充填油、水时的砂岩速度。

已知：砂岩骨架速度 v_m=5200m/s，油的速度 $v_{油}$=1180m/s，$v_{水}$=1500m/s，ϕ=0.2，求：砂岩速度 v=？

（6）计算叠加速度 v_d。

已知：t_0=2.0s，t=2.15s，x=3000m，求：v_d（取整数）=？

（7）计算层速度 v_n。

已知：$t_{0,1}$=1.0s，$t_{0,2}$=2.0s，$v_{R,1}$=2000m/s，$v_{R,2}$=2550m/s，求：v_n（取整数）=？

（8）设一组由三个水平均匀层组成的层状介质模型，各层参数如图4.2.1所示。现在分别计算 R_3 界面以上介质的平均速度和均方根速度；计算分别以入射角 α_1、α_2、α_3 等入射到 R_1 界面，向下传播，然后在 R_2、R_3 界面发生反射时，各条射线的射线平均速度。

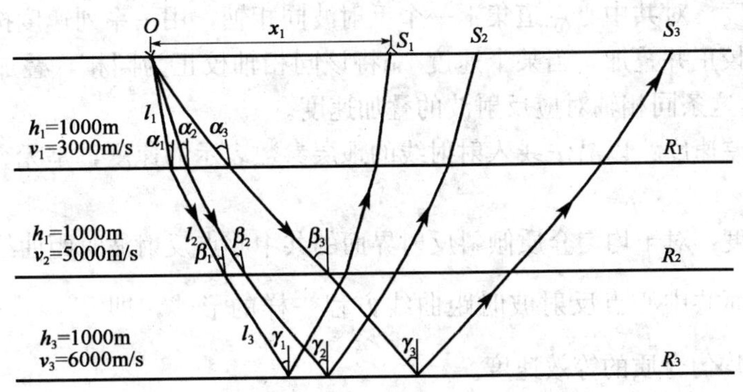

图 4.2.1　三个水平均匀层组成的层状介质模型

4.3 参考答案

4.3.1 名词解释

(1) 骨架压力：岩石骨架所受到的压力，是上覆压力与孔隙流体压力之差。其中上覆压力是地层上方所有固体和流体物质所引起的垂直压力，又称“积土压力”、“负载压力”、“静岩压力”、“总垂直压力”等；流体压力是与地层相平衡的自由流体所产生的压力，也就是“孔隙压力”或“孔隙流体压力”。

只有上覆压力和孔隙流体压力之差才能决定孔隙介质中的速度变化值。当骨架压力增大时，速度变大。上覆压力与流体压力之差为常数时，速度保持不变。骨架压力又称为“有效压力”。

(2) 平均速度：水平层状介质中波沿直线传播的总路程与所用总旅行时之比。只有在均匀介质中波在任一方向上才是按直线传播的，在实际介质（包括水平层状介质）中波是按“最小旅行时”路径而不是按直线传播的。因此，按直线路径传播的旅行时必然大于实际旅行时，所以平均速度对应的旅行时大于沿实际射线路径的旅行时，平均速度的定义是对实际介质结构的一种近似和简化。

(3) 均方根速度：将水平层状介质反射波时距曲线根据费马原理将 T^2 展开成 x^2 的幂级数，即

$$T^2 = t_0^2 + \sum \beta_j x^{2j}$$

推导得

$$T^2 = t_0^2 + \frac{x^2}{\dfrac{\sum_{i=1}^{n} \Delta t_i v_i^2}{\sum_{i=1}^{n} \Delta t_i}}$$

其中$\dfrac{\sum_{i=1}^{n} \Delta t_i v_i^2}{\sum_{i=1}^{n} \Delta t_i} = v_R^2$，$v_R$ 定义为均方根速度。

(4) 叠加速度：对共中心点道集上一个反射波同相轴，用一系列速度按双曲线公式计算校正量，进行动校正并叠加，当某个速度 v_d 将该同相轴校正为同相，叠加后能量最强，则这个速度 v_d 就是这条同相轴对应反射波的叠加速度。

(5) 正常时差速度：以沿法线入射射线的地层参数表示的速度，是无穷小排列上的叠加速度。

(6) 等效速度：对于均匀介质倾斜反射界面的共中心点反射波时距曲线方程，可写成同均匀介质水平界面共中心点反射波时距曲线方程一样的形式，即 $T^2=t_0^2+\frac{x^2}{v_\varphi^2}$，$v_\varphi=\frac{v}{\cos\varphi}$，$v_\varphi$ 叫做倾斜界面均匀介质的等效速度。

(7) 射线平均速度：就速度的空间分布而言，实际地震介质中的速度分布是很复杂的。当地震波在实际介质中传播时，沿不同的射线路径波有不同的传播速度，射线的各个点上速度也可能不一样，要准确描述速度的实际空间变化是非常困难的。为此，把地震波沿某一条射线传播所走的总路程除以所用的总旅行时，叫做波沿这条射线的射线平均速度。显然，射线平均速度对每条射线都可能不一样，射线平均速度可表示为沿射线旅行时的函数或接收点炮检距的函数。

(8) 速度谱：固定 t_0 值，沿不同速度定义的双曲线轨迹对共中心点道集进行叠加（或相关），得到这个速度对应的叠加（或相关）能量。速度谱的概念是仿照频率谱的概念得到的，频率谱表示不同频率地震波的能量，地震波沿不同速度的叠加（或相关）能量相对扫描速度的变化称为速度谱。利用不同的判别准则，可以制作不同类型的速度谱。

(9) VSP：即垂直地震剖面法，它与地面观测的水平地震剖面相对应。地面地震通常是将震源和检波器都置于地面进行采集，而 VSP 技术是将震源和检波器其中的一种置于井下进行地震采集。根据震源和检波器的位置，VSP 采集方式通常有两种：一种是将检波器置于井中，而震源置于地面的采集方式；另一种是将震源置于井中，将检波器置于地面的观测方式。前者就是所谓的 VSP 技术，后者一般称为逆 VSP 技术。

(10) 周波跳跃：接收信号的两接收器应先后被同一个折射波所触发。但在某些情况下，由于折射波太弱不足以先后触发两个接收器，第二个接收器没有接收到第一个初至波，而是接收到后来第二个或者第三个续至波的触发信号，这时测得的时差将增大，其增大量是声波周期的倍数，这种现象便称为“周波跳跃”。显然，出现周波跳跃时，无法得到岩层速度对应的正确时差。

4.3.2 填空题

(1) 速度，相同；

(2) 反比；

(3) 增大；

(4) 弹性；物理；

(5) 大，小；

(6) 1070，1320，2500，6000；

(7) 反比，小，大；

(8) 时间；地震波速度，充填物速度，孔隙度；

(9) 反，正；

（10）大于，大于；

（11）增大，增大；

（12）大，小；

（13）叠加速度，平均速度；

（14）层，平均。

4.3.3 简答题

（1）弹性常数、岩性、密度、构造历史和沉积年代、埋藏深度、孔隙度及流体性质、温度压力。

（2）因为不同岩性介质波速有重复部分。

（3）可以利用 Gardner 公式由地层速度来求取地层的密度：$P=0.314v_{\mathrm{P}}^{0.25}$。

但这和具体某个地区速度和密度的经验公式还是有所区别的，还需要根据该地区大量的试验测量和野外观察资料，来统计得出适合当地沉积岩的经验公式。

（4）将水平层状介质反射波时距曲线根据费马原理将 T^2 展开成 x^2 的幂级数，即

$$T^2 = t_0^2 + \sum \beta_j x^{2j}$$

推导得

$$T^2 = t_0^2 + \frac{x^2}{\dfrac{\sum_{i=1}^{n}\Delta t_i v_i^2}{\sum_{i=1}^{n}\Delta t_i}}$$

其中 $\dfrac{\sum_{i=1}^{n}\Delta t_i v_i^2}{\sum_{i=1}^{n}\Delta t_i}=v_{\mathrm{R}}^2$，$v_{\mathrm{R}}$ 定义为均方根速度。

由于 v_{R} 是根据费马原理在一定条件下得到的近似结果，因此，均方根速度在某种程度上考虑了射线的偏折传播，而平均速度表示在水平层状介质中波沿直线传播的总路程与所用总旅行时之比。

（5）由叠加速度谱或者声波测井或者 VSP 求取层速度 v_i，然后代入平均速度的定义公式

$$v_{\mathrm{av}} = \frac{\sum_{i=1}^{n} v_i \Delta t_i}{\sum_{i=1}^{n}\Delta t_i}$$

其中

$$\Delta t_i = t_{0,i} - t_{0,i-1}$$

式中 v_i——第 i 层的层速度；

Δt_i——波通过第 i 层的时间；

$t_{0,i}$——该层底面上的双程垂直旅行时间。

（6）声波测井测量的是沿井壁方向的旅行时。因此，声波测井实际上是测量地层的垂向旅行时，由此得到的是地层垂向速度 v_z，水平层状轴对称各向异性介质的垂直方向速度要小于水平方向速度 v_x，因此，速度谱得到的层速度大于声波测井得到的层速度（不考虑速度频散等因素）。

(7) 平均速度是在水平层状介质中，波沿直线传播的总路程与所用总旅行时之比，均方根速度是根据费马原理在一定条件下得到的近似结果，其所用旅行时小于平均速度所用的旅行时。所以平均速度小于或等于均方根速度。

(8) ①用来保证最佳叠加效果的速度即为叠加速度。在不同介质情况下，它代表的意义不同。均匀介质水平界面时，叠加速度为均方根速度；均匀介质倾斜界面时，叠加速度为等效速度；水平层状介质时，叠加速度为平均速度或均方根速度。

②把均匀介质和水平层状介质情况下，共反射点和共中心点时距曲线都看成是双曲线，并用一个统一的方程来表示，即

$$T^2 = t_0^2 + \frac{x^2}{v_d^2}$$

式中 v_d——叠加速度；

x——炮检距；

t_0——共中心点的垂直反射时间。

(9) 共反射点时距曲线是一条双曲线，即

$$T^2 = t_0^2 + \frac{x^2}{v_d^2}$$

式中 v_d——叠加速度。

如果固定时间 t_0，选择一个速度 v 值，计算反射波的到达时间 t_i，按 t_i 时间取出各道记录的振幅，并进行叠加。这样可得到一个对应于速度 v 值的叠加振幅 $A(v)$。显然，叠加振幅的大小和选择的速度值紧密相关。如果速度值选择正确即 $v=v_d$，按上式计算出来的反射波到达时间，和实际记录同相轴的相位应一致。由于同相位叠加，因而叠加振幅最大。如果速度值选择不正确，即 $v \neq v_a$，按上式计算出来的反射波到达时间和实际记录同相轴的相位时间不一致，因而叠加振幅就小。根据这个原理，就可以用速度谱求取叠加速度。

(10) 叠加速度谱的计算量较小，而相关速度谱的计算量较大。但是相关速度谱的谱线峰值尖锐，灵敏度较高，而叠加速度谱的谱线峰值平缓，灵敏度较低。由于少数几道大振幅的干扰，能使相关速度谱出现假峰值。所以相关速度谱的抗干扰能力，又低于叠加速度谱。在实际工作中，则是根据记录的信噪比不同，而选用叠加速度谱或相关速度谱。

(11) 为了压制干扰波，提高速度谱的质量，采用在一个时窗范围内计算速度谱的谱线。然而时窗的大小又直接影响速度谱的计算量和分辨能力。如果时窗选择过大，这不仅增加了计算工作量，而且有可能在同一个时窗内，包含有几个反射层，使速度谱的分辨能力降低。时窗也不能太小，如果时窗长度小于反射波的延续时间，这样不但削弱了对干扰波的压制效果，而且一些偶然因素也会使速度谱的分辨能力降低。因此，时窗长度应等于或稍大于反射波的延续时间，一般为 40～100ms。

(12) 速度扫描范围，由工区的最小速度和最大速度确定，原则上要使速度谱线峰值两边趋于平缓。由于速度的变化规律是随深度的增加而增加，所以浅层一般不存在有高速度，深层没有低速度（多次波除外）。根据速度变化的这种规律，事先可以给定一条参考速度曲线，围绕这条参考曲线来确定速度扫描的范围。

(13) 当地下界面水平时，由速度谱求得的叠加速度等于均方根速度，即 $v_d=v_R$。根据迪克斯公式，即

$$v_n=\sqrt{\frac{v_{\mathrm{R},n}^2 t_{0,n}-v_{\mathrm{R},n-1}^2 t_{0,n-1}}{t_{0,n}-t_{0,n-1}}}$$

式中 v_n——第 n 层层速度；

$t_{0,n}$——第 n 层底面双程垂直旅行时；

$t_{0,n-1}$——第 n 层顶面双程垂直旅行时；

$v_{0,n}$——第 n 层底面均方根速度；

$v_{0,n-1}$——第 n 层顶面均方根速度。

若已知第 n 层的均方根速度 $v_{\mathrm{R},n}$，垂直反射时间 $t_{0,n}$ 和第 $n-1$ 层的均方根速度 $v_{\mathrm{R},n-1}$，垂直反射时间 $t_{0,n-1}$，就可以计算出第 n 层的层速度。

（14）当地下界面倾角较大时，由速度谱求得的叠加速度为等效速度，即 $v_{\mathrm{d}}=v_{\varphi}$，则

$$v_n=\sqrt{\frac{v_{\mathrm{R},n}^2 t_{0,n}-v_{\mathrm{R},n-1}^2 t_{0,n-1}}{t_{0,n}-t_{0,n-1}}}\cos\beta_0$$

其中
$$\cos\beta_0=\sqrt{\frac{1}{1+\frac{v_{\mathrm{d1}}^2\Delta t_0^2}{4\Delta x^2}}}$$

式中 v_{d1}，Δt_0，Δx 由水平叠加时间剖面上反射波同相轴求得。由上面式子对叠加速度进行倾角校正，即得到均方根速度，再用迪克斯公式，就可以计算出层速度。

（15）时间间隔 Δt_0 既是时窗移动的长度，也是谱线之间的间隔。选择时间间隔时，应考虑到谱线峰值连续变化，便于可靠追踪速度随 t_0 时间的变化规律。因此，选择时间间隔，既不能过小，也不能过大。过小不仅使计算量增加，而且会使同一个反射波在相邻几个 t_0 时间上都显示出来，容易产生虚假现象。过大则有可能漏掉某些反射波，使谱线峰值不能连续追踪。因此，时间间隔一般选为时窗长度的一半，当时窗长度为 40～100ms 时，时间间隔应选为 20～50ms。

4.3.4 计算题

（1）解：因为 $H=(1/2)vt_0$，所以

$$H=(1/2)\times3000\times2.25=3375(\mathrm{m})$$

反射界面深度为 3375m。

（2）解：因为 $f^*=1/T^*$，所以

$$f^*=1/0.025=40(\mathrm{Hz})$$

因为 $\lambda^*=T^*v$，所以

$$\lambda^*=0.025\times3500=87.5(\mathrm{m})$$

此有效波的视频率为 40Hz，视波长为 87.5m。

（3）解：因为 $v^*=\Delta x/\Delta t$，所以

$$v^*=300/1.4=214(\mathrm{m/s})$$

面波的视速度为 214m/s。

（4）解：当 $\phi=0.1$ 时，因为

$$\begin{aligned}1/v&=(1-\phi)/v_{\mathrm{m}}+\phi/v_{\mathrm{l}}=(1-0.1)/5200+0.1/430\\&=0.0004056(\mathrm{s/m})\end{aligned}$$

所以 $v=2465\mathrm{m/s}$

(5) 解：①当孔隙中充填油时，因为

$$1/v=(1-\phi)/v_{m}+\phi/v_{油}=(1-0.2)/5200+0.2/1180$$
$$=0.0003233(s/m)$$

所以 $v=3093$m/s

②当孔隙中充填水时，因为

$$1/v=(1-\phi)/v_{m}+\phi/v_{水}=(1-0.2)/5200+0.2/1500$$
$$=0.0002872(s/m)$$

所以 $v=3482$m/s

孔隙中充填油、水时，砂岩的速度分别为 3093m/s，3482m/s。

(6) 解：由于 $T^2=t_0^2+\frac{x^2}{v_d^2}$，代入已知数据求得：$v_d=3800$m/s，所以叠加速度为 3800m/s。

(7) 解：由公式

$$v_n=\sqrt{\frac{v_{R,n}^2 t_{0,n}-v_{R,n-1}^2 t_{0,n-1}}{t_{0,n}-t_{0,n-1}}}$$

代入已知数据求得 $v_n=3000$m/s，所以层速度是 3000m/s。

(8) 解：①平均速度。

$$v_a=\frac{\sum_{i=1}^{3}h_i}{\sum_{i=1}^{3}\frac{h_i}{v_i}}=\frac{1000+1000+1000}{\frac{1000}{3000}+\frac{1000}{5000}+\frac{1000}{6000}}=4286(m/s)$$

即 $v_a=4286$m/s

②均方根速度。

$$v_R=\sqrt{\frac{\sum_{i=1}^{3}t_i v_i^2}{\sum_{i=1}^{3}t_i}}=\frac{\frac{1000}{3000}\times 3000^2\div\frac{1000}{5000}\times 5000^2+\frac{1000}{6000}\times 6000^2}{\frac{1000}{3000}+\frac{1000}{5000}+\frac{1000}{6000}}=4472(m/s)$$

所以 $v_R=4472$m/s

③射线平均速度。

当 $\alpha_1=10°$时，由图 4.2.1 可看出

$$\beta_1=\sin^{-1}(\sin 10°\times\frac{5000}{3000})=16°42',\gamma_1=\sin^{-1}(\sin 16°42'\times\frac{6000}{5000})=20°10'$$

这条射线向下入射到 R_3 界面时在三层介质中每一层的传播路程长度分别是 l_1、l_2、l_3，则

$$l_1=\frac{1000}{\cos 10°}=1016(m)$$

$$l_2=\frac{1000}{\cos 16°42'}=1044(m)$$

$$l_3=\frac{1000}{\cos 20°10'}=1065(m)$$

地震波沿这条射线传播的时间为

$$T=\frac{1016}{3000}+\frac{1044}{5000}+\frac{1065}{6000}=0.725(\mathrm{s})$$

所以射线平均速度为

$$v_{\alpha_1、R_3}=\frac{2\times(1016+1044+1065)}{2\times0.725}=4310(\mathrm{m/s})$$

这条射线从 R_3 界面反射，返回到地面在 S_1 点出射，炮检距 OS_1 等于 x_1。

$$x_1=2\times(1000\times\tan10°+1000\times\tan16°42'+1000\times\tan20°10')=1684(\mathrm{m})$$

按照上述方法，可以计算出以不同角度入射到 R_3 界面各条射线的射线平均速度。结果如下：

$\alpha_1=10°$　$v_{\alpha_1,R_3}=4310\mathrm{m/s}$　$x_1=1684\mathrm{m}$

$\alpha_2=20°$　$v_{\alpha_2,R_3}=4420\mathrm{m/s}$　$x_2=3977\mathrm{m}$

$\alpha_3=25°$　$v_{\alpha_3,R_3}=4560\mathrm{m/s}$　$x_3=6080\mathrm{m}$

$\alpha_4=27°$　$v_{\alpha_1,R_3}=4670\mathrm{m/s}$　$x_1=7570\mathrm{m}$

$\alpha_5=29°30'$　$v_{\alpha_2,R_3}=5160\mathrm{m/s}$　$x_2=15455\mathrm{m}$

$\alpha_6=30°$　$v_{\alpha_3,R_3}=5450\mathrm{m/s}$　$x_3=27025\mathrm{m}$

第5章　地震勘探资料解释

5.1　理论概述

地震勘探的目的是解决各种地质问题，寻找以及合理开采有用矿藏，地震勘探应用最普遍的是油气田和煤田的勘探和开发。目前，地震资料解释一般分为两部分：构造解释、岩性解释和储层研究。

5.1.1　地震剖面和地震切片

5.1.1.1　地震记录

反射波地震记录是地震波从震源向下传播时遇到反射界面产生反射波传回地面生成的。如果地下反射界面间距离足够大，同时地震脉冲延续时间很短，接近尖脉冲形状，则各反射界面的反射波是互不干涉的，并且可以在地震记录上清晰地一一辨认出来。

地震记录上反射波同相轴与地下反射界面往往并不是一一对应的，一个强同相轴通常是由一组反射界面形成的。

5.1.1.2　二维地震剖面

地震水平叠加剖面和偏移剖面是地震资料解释中最常见的两种剖面。地震剖面有时间剖面和深度剖面，它们常用的显示形式有变面积记录、波形记录、变密度记录、变面积和波形相结合的记录、变密度加波形记录等形式，目前最常用的是变面积和波形相结合的形式。

5.1.1.3　三维地震垂直剖面和水平切片

三维地震采集得到空间采样很密集的数据，经3D处理后便得到3D地震数据体。

1）3D水平切片的基本特点

水平切片是用平行于时间（或深度）基准面的平面切割3D数据体而成的。水平切片上的反射同相轴是上述平面切割各层反射波得到的图像。同相轴的宽度与反射波的频率及界面倾角有关。

2）3D地震垂直剖面

与普通2D剖面相比，3D垂直剖面是经过3D偏移处理的。一般来说，3D垂直剖面可以像2D剖面一样解释（如反射层追踪对比、断层解释等），并且解释成果比2D剖面更可靠。

5.1.2　地震剖面的对比解释

地震剖面的对比解释是根据波的对比标志在地震剖面上辨认和追踪感兴趣的地震反射层位。

5.1.2.1　地震剖面解释的任务

地震剖面解释的任务是由不同勘探阶段的地质任务决定的。

一般来讲，剖面构造解释的研究内容主要包括：

(1) 确定反射标准层的地质层位及接触关系，进而研究各套地层空间分布特征、厚度横向变化，特别是主要目的层的特征。

(2) 基岩顶面埋深和起伏变化。

(3) 区域和局部构造特征，包括构造形态范围及各种构造要素。

(4) 断层特征（断层性质、走向、倾向、落差等断层要素以及发育史等）。

(5) 各种底辟、礁、火成岩体及古潜山等地质体的识别和解释。

5.1.2.2 地震剖面上波的对比标志

地震资料解释最基础的工作就是在地震剖面上辨认和追踪有效波和相关的各种地震波，即作波的对比。

一般来说，反射波的对比原则主要有3大标志——振幅标志；波形标志；相位标志。

总之，反射波对比的基本原则是：振幅显著增强，波形相似，同相轴圆滑并有一定的延伸长度。

5.1.2.3 地震剖面的对比方法

地震剖面的具体对比方法如下所述：

(1) 相位对比。

由于地震记录上的反射波是续至波，加上噪声及其他波的干扰，反射波初至是难以辨认的，因此实际工作中采用“相位对比”，即对比波峰或波谷的方法。

一般相位对比的具体做法有强相位对比和多相位对比两种。

(2) 波组对比。

波组是指比较靠近的若干物性界面产生的反射波的组合，一般是由某一“标准波”及其邻近的几个反射波组成一组，具有一定波形特征且能稳定追踪。

波组的对比可以减少窜层的风险。

(3) 剖面间的对比。

一般来讲，在较小的范围内，地层变化是不大的，在相距不远的两条相邻平行剖面上，所反映出的地质层位、构造形态、断层、超复、尖灭等应该基本相似；对于同一异常现象，在相邻剖面上也应有所反映。

(4) 运用地质规律对比解释。

决定地震剖面上地震波特征的最根本原因是地下地层和构造特征，应根据前人对工区资料研究获得的地质和地球物理信息来指导地震剖面解释。对比时应注意的问题为：

①偏移问题；

②认准波的性质，搞清波的来源。

5.1.2.4 地震剖面的地质解释方法

1) 准备工作和反射标准层的选择

为了使剖面的地质解释结果更加可靠，应对前人搜集到的资料进行深入分析，对本工区的有关地质和地震特征做到心中有数，这是地震资料解释前必不可少的准备工作。

具有以下条件的反射波称为反射标准层：

(1) 分布范围广，能在较大范围内连续追踪。

(2) 反射波的特征明显，较稳定。

(3) 所选的标准层能反映地下地质构造的主要特征，能反映地下浅、中、深层地层的起伏情况。

2）层位标定

就地质意义讲，所谓层位标定是确定地震剖面上的反射层所对应的地质层位。

层位标定时应根据手中所掌握的资料情况来确定其标定方法。

（1）用L图作层位标定。当工区内有VSP测井资料时，可制作走廊叠加剖面。

（2）用人工合成地震记录标定。用人工合成地震记录标定是目前使用最普遍的层位标定方法。使用条件是：工区内有声波测井资料，最好同时具有密度测井曲线。

（3）用地震测井资料作层位标定。这种层位标定方法也必须做好基准面一致性校正和井斜校正。

（4）工区内无井情况下的层位标定。若工区内没有钻井，可采取下述方法进行层位标定：

①若本工区内没有钻井，而邻区有钻井，则要在邻区内作连井测线，确定反射标准层相应的地质层位，然后再把它引到本工区来。

②当本工区和邻工区都没有钻井时，须根据区域地质资料及构造发展史资料，结合本工区各构造层的特点及其接触关系以及地震剖面构造层特点和波组特征来确定地质层位。

3）标准层的追踪

选定了标准层，并在连井剖面上将标准层的地质层位确定之后，接下来的工作就是在全区选择基干剖面。所选基干剖面应包括主测线及联络测线，以能组成一个基干剖面网为限。基干剖面的选择条件是：

（1）反射标准层特征清楚，能对比追踪较长距离。

（2）穿过主要的构造部位，构造特征清楚。

（3）断层少。

（4）连井剖面一般都应作为基干剖面。

选基干剖面的目的是为了对标准层进行追踪，为了检查在各剖面上追踪的标准层层位是否正确，需要依靠剖面闭合予以判断。

剖面闭合的原理是：两条测线的交点处，垂直入射到同一反射界面的路径只有一条，因此，其垂直反射时间 t_0 应相等。

完成基干剖面的反射标准层对比追踪并检查无误后，接下来是将标准层对比由基干剖面追踪到一般剖面，直到全部剖面对比完成。

5.1.3 几种特殊的波

地震剖面上，除正常反射波、折射波及各种噪声外，还可见到几种特殊的波，即断面波、绕射波和回转波。

5.1.3.1 断面波

断面波是由断层面产生的反射波。断面波在地震剖面上不同于正常反射波的特点有：

（1）同相轴很陡，与周围正常反射波穿插交叉。

（2）波形不稳定，能量不稳定。

（3）连续性差，时断时续，忽隐忽现。

5.1.3.2 绕射波

在水平叠加剖面上，尤其在共炮点道集上，在断层、不整合面、地层尖灭点可常见到类似双曲线状或抛物线状同相轴，叫绕射波。通过大量的实验和计算分析，可总结出绕射波具有如下特点：

（1）在共炮点记录上绕射波同相轴呈双曲线状，极小点在绕射点正上方。

（2）绕射波的能量特点。通过大量实验表明，无论在共炮点记录上，还是在自激自收剖面上，绕射波在其时间极小点处能量最强，向两边逐渐衰减。

（3）绕射波同相轴在极小点两边相位相反。

5.1.3.3 回转波

回转波是凹曲界面产生的反射波，当凹曲界面曲率较大，埋藏较深时，就会产生回转波。

回转波在地震剖面上主要特点为：

（1）回转波只能在水平叠加剖面上或共炮点记录上看到，而在偏移叠加剖面上看不到，这是由于经偏移处理后，反射波归位到正确位置，回转波收敛到凹界面上，从而使凹曲界面图像正确地显现出来。

（2）在水平叠加剖面上，回转波同与之相连的正常界面反射波同相轴常呈环圈状或牛角状（凹曲界面一边中断）；地下的向斜界面在水平叠加剖面上表现出“背斜”假象。有时因凹曲界面曲率变化及与之相连水平界面的组合关系，可能形成更复杂的图形。

（3）凹曲界面的曲率越大，深度越深，回转波的范围也就越大。

（4）回转波的能量分布特点是，由凹曲界面段产生的回转波能量与同深度水平界面正常反射波能量大体相当。回转波同相轴两旁能量最强，中间较强。

5.1.4 断层解释

断层是一种常见的地质现象，它与油气运移、聚集、油气藏的形成及分布有密切关系，因此，断层研究是地震资料解释的重要内容。

5.1.4.1 地震资料上断层的识别标志

用于断层研究的地震资料主要有二维地震剖面（包括水平叠加剖面和偏移剖面）、三维垂直切片（剖面）及三维水平切片。

1）断层在地震剖面上的识别标志

（1）反射同相轴突然减少或增加。

（2）波组、波系错断。

（3）地震剖面上反射层产状发生突变，甚至大套反射层产状急剧变化。

（4）同相轴扭曲现象是小断层的标志。

（5）地震剖面上出现波形杂乱带或空白带，使对比难以进行。

（6）异常波的出现。

2）断层在水平切片上的主要特征

（1）同相轴错断。

（2）同相轴走向突变。

（3）同相轴宽度突变。

5.1.4.2 断层要素的确定

断层要素的确定主要包括以下几个方面。

1）地震剖面上断面的确定

（1）根据前述断层在地震剖面上的特点，确定剖面上浅、中、深反射层的断点。

（2）利用与断层有关的异常波确定断层面。

（3）断层落差。

（4）在反射层缺失或极差地区，根据区域地质规律，结合其他物探、钻井资料，也可划定断层，当然，这要求钻井或其他物探资料可靠度要高。

（5）画断面时，应仔细确定断层所断到的最浅位置，以确定断层的活动期。

2）地震剖面上的断层倾角

3）地震剖面上的断面视倾角

4）地震剖面上断层互相切割问题

理清断层形成的先后次序对解释断层的相交和切割关系是必要的。一般来讲，“X”形断层多数是被切开的那条断层较老，而“Y”形断层则多是长边较老，或是同时伴生的。

5）断层在水平叠加剖面上的畸变

断层在水平叠加剖面上的特征常与真实地质剖面上的特征有所不同，其主要表现有：

（1）当地层倾斜时，时间剖面上的断点都向地层下倾方向偏移，偏移的大小随地层的倾角和埋藏深度的增大而增大。

（2）断层两盘倾向一致，倾角大小相近时，其断点间距变化较小；断层两盘倾角相差较大时，断点间距可能变大，也可能变小。

（3）当断层两盘倾向相背（即屋脊断层）时，在时间剖面上，断点间的水平距离明显增大。

（4）当断层两盘倾向相向（即反屋脊断层）时，在时间剖面上，断点间的水平距离明显减小，甚至造成叠掩，形成逆断层假象；当断层一盘倾斜、一盘水平时，也会造成类似的逆断层假象。

（5）注意浅、中、深层断点的关系及相邻测线间断层的关系。

5.1.4.3 断裂系统图的绘制

断裂系统图是指同一反射界面（相当于同一地质层位）上所有的断层在水平面上的投影图。绘制断裂系统图的主要方法有断点平面组合法和地震相干数据体处理法，下面简述一下断点平面组合法。

1）运用断点平面组合法时应遵循的原则

（1）同一断层在相同方向的测线上所反映的断层性质相同（同是正断层或逆断层），落差及断面产状应基本一致或有规律地变化。

（2）同一构造运动形成的断层所断开的地层层位应基本一致或有规律地变化。

（3）同一断层各断点上断距的大小相近或逐渐变化。

（4）同一断块内地层倾向的变化有一定的规律。

（5）区域性大断层一般平行于区域构造走向，断层两侧沉积有明显的差异，而在不同剖面上表现特点应相似。

2）运用断点平面组合法时应注意的问题

（1）断层在平面连接时不允许穿过无断点显示的测线。

（2）当两条断层相交时，新断层切割老断层，当两条断层不是相交而是相接触时，一般是小断层的一端触到大断层上，如“Y”形或“人”字形的断层。

(3) 经组合后剩余的孤立断点应是断距较小，延伸较短，数量最少的，否则应重新考虑断点组合方案。

(4) 在地层倾角大于 20°时，应先进行空间校正，然后再进行断点组合。

(5) 组合后，平面图上的断层线应是有一定规律的、合理的，不应出现断层线突然扭曲或无规律穿插等现象。

5.1.5 各种地质构造的地震响应

5.1.5.1 背斜在地震剖面上的基本特征

在水平叠加剖面上，它所描绘出的背斜要比地下真实背斜宽些，两翼稍缓些，但顶点（指 2D 剖面上的“顶点”）没有偏移，仍保持其正确的横坐标。

对于同心褶皱，即假设地层具有共同的曲率中心，并且厚度（垂直层面）不变，如图 5.1.1 所示，这种背斜在地震剖面上将表现为平行褶皱。而对于强烈的同心褶皱，地震剖面将表现为双曲线状。

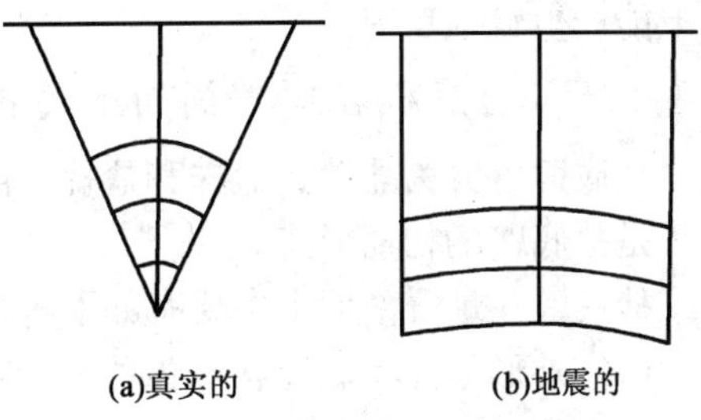

图 5.1.1 同心背斜及其在水平叠加时间剖面上的地震响应

5.1.5.2 向斜在地震剖面上的基本特征

在水平叠加时间剖面上，缓向斜只是宽度比地下实际向斜的宽度稍窄一些，最低点的水平坐标仍保持不变，除此没有其他特别的畸变。这里的“缓向斜”指的是曲率半径足够大，以致其曲率中心在地面上的向斜。

同心褶皱的向斜，在地震水平叠加时间剖面上显示为平行褶皱，这个效应与背斜的类似。

5.1.5.3 不整合在地震剖面上的特征

不整合是指上下两地层为不连续沉积，其间有较长时期的沉积间断，沉积间断期间，原有的岩层遭到剥蚀。不整合可分为平行不整合和角度不整合两种。

1) 平行不整合

平行不整合在时间剖面上的主要特征为：

(1) 反射波一般较强，但强度、波形变化大、不稳定。

(2) 经常出现绕射波，有时会出现一连串绕射波，平行于上下反射层地排列在整条剖面上。

2) 角度不整合

角度不整合在时间剖面上的主要特征为：

(1) 反射波强度和波形变化大，不稳定。

(2) 不整合面上下反射波逐渐靠拢，不整合面下面的反射波相位依次被不整合面上面的反射波相位所代替。

(3) 在地层尖灭点附近，由于不整合面上下的反射波十分靠近，形成同相轴的分叉合并，同时出现波的干涉。

（4）在不整合面上有时也会出现绕射波，但一般不如平行不整合面的绕射波明显。

5.1.5.4 礁在地震剖面上的特征

（1）在地震剖面上外形呈丘状或透镜状出现。

（2）礁体内部往往反射紊乱，连续性很差，或呈无反射的“空白”，这是因为生物礁是由生物遗骸堆积而成的，其内部没有沉积层理。

（3）通常，礁与相邻地层间存在速度差异。

（4）礁体上覆地层形成被覆构造。

（5）大多数情况下，礁与周围沉积间有着岩性差异，形成较强波阻抗差，因而通常在礁面上能产生较强反射。

5.1.5.5 盐底辟在地震剖面上的特征

盐底辟可分为盐墙、盐株和盐枕，前两种都已刺穿上覆地层，后面一种没有刺穿上覆岩层，是盐底辟的初期形态。

盐底辟在地震剖面上主要有如下特征：

（1）外形呈丘状、筒状或各种不规则形状。

（2）盐丘内波形杂乱，无明显连续同相轴或呈空白状态。

（3）翼部反射同相轴明显上翘。但在质量不高的水平叠加时间剖面上，往往看不清周边反射层上翘的特征，只有在深度偏移剖面上，上翘现象才较明显。

（4）顶部以上反射层多呈隆起状，但有时盐丘的上覆地层呈下陷状，这是由于盐丘顶部盐的溶蚀造成上覆地层的塌陷所致；或者由于盐层流动方向改变致使盐隆下的盐流走，使上覆地层塌陷。

（5）盐丘常常可见底，盐丘底的反射层往往上凸，这是由于盐的速度比一般砂泥岩的速度高。但当盐丘邻近地层是高速地层时，情况将相反，即盐丘底的反射层下凹。

（6）在水平切片上，盐丘常近似为圆形，并且断层较多。

5.1.5.6 泥底辟在地震剖面上的特征

（1）外形呈丘状（发育初期泥底辟，未刺穿围岩）或柱状、蘑菇状、金字塔状或其他不规则形状（成熟泥底辟）。

（2）内部波形杂乱，无连续良好的反射同相轴或为空白，而两侧反射层连续性正常。

（3）泥核上方地层多呈隆起状，这是由于泥底辟形成过程中上拱造成的。

（4）泥核外侧反射层上翘，这是由于泥岩刺穿围岩时引起周边围岩产状变形所致。

（5）泥底辟有时可见底，在时间剖面（无论是否作了偏移处理）上，泥核的底常常明显下凹。

5.1.5.7 火成岩体在地震剖面上的特征

（1）外形多呈不规则状，有时呈筒状、丘状、蘑菇状、线状。

（2）火成岩顶为强反射，但连续性一般较差，火成岩上方有时见披覆构造，但更多情况下，火成岩上方反射看不出明显变形。

（3）有时可见底，有时不见底。

（4）火成岩体内部波形杂乱，或无反射，但更多时候，火成岩体内有断续的、强振幅的短反射段，这一点与盐或泥底辟不同。

（5）有时可见火山口反射，甚至多层火山口，这是多次火山活动形成的。

（6）在水平切片上，火成岩体内的波形与周围沉积岩的反射波不同。沉积岩的反射波波形稳定，排列有序，而火成岩体内的波形呈揉皱状或絮状。

（7）火成岩体周边的反射层大多没有明显上翘现象。

5.1.6 地震构造图

5.1.6.1 构造图的概念

地震构造图是以等值线（等深度线或等时间线）及一些符号（断层、超复、尖灭等）表示某一地震反射层在地下的起伏形态，从而也就表明了其对应地质界面构造形态。

1）构造图的分类

目前，地震构造图大致可分为两大类：一类是以深度值表示的深度构造图，另一类是以反射时间值表示的时间构造图，简称等 t_0 图。同时等深度构造图又可分为：（1）视铅直深度构造图；（2）真深度构造图（铅直深度构造图）；（3）法线深度构造图。一般是绘制真深度构造图。

2）构造图层位的选择原则

（1）根据地震勘探的任务，选择目的层的顶或底的反射界面（如位于主要含油气层或其他有用矿藏的层系内）。

（2）能代表某一地质时代的主要地质构造特征。

（3）在工区内能很好地追踪的特征明显的标准层。

3）构造图的一般内容和要求

（1）构造图上应有方里网、图名、比例尺、说明、制图单位、制图人、制图时间以及井位、重要地物等。

（2）图中断层线、尖灭线、超覆线等要齐全，不可靠的用虚线表示。

（3）测线号及测线端点拐点桩号要齐全，新老测线要用不同颜色或符号区别开。

（4）等值线要求每隔 5 根加粗一条，并标注相应 t_0 值或深度值。不可靠的等值线用虚线表示。

5.1.6.2 地震构造图的编制方法

编制等时间 t_0 构造图的基本步骤有：绘制测线平面位置图，上数据，断裂系统图绘制，勾值线等。时间构造图的基本数据取自地震时间剖面，读取标准层的反射时间值 t_0，时间构造图也可根据 3D 时间水平切片直接编制。深度构造图和时间构造图的编制方法步骤一样。

5.1.7 地震地层学简介

5.1.7.1 发展概况

地震地层学这门学科还很年轻，所以它的内容时有增新，名称也不统一。从所解决的问题和采用的方法来说，可以把地震地层学分为两大部分。第一部分叫区域地震地层学，即通常称的地震地层学，它实质上是利用地层学的观点来解释常规的地震剖面图，划分地层层序，确定沉积体系，识别沉积环境，预测区域岩相变化和石油地质的生、储、盖条件。第二部分叫局部地震地层学，也叫地震岩性学，它是在提高地震资料分辨率的基础上，提取速度、振幅、频率等信息用来较详细地对比地层岩性，检测油气，发现和圈出地层—岩性油藏。

地震地层学目前尚处于发展、完善阶段，它的原理、方法和应用尚不成熟。我国的地震地层学研究是从20世纪70年代末引进佩顿的《地震地层学》（在油气勘探中的应用）才开始的，但它已经为我国的油气田勘探取得了良好的地质效果和经济效益。

5.1.7.2　研究方法

区域地震地层学的研究方法，一般包括四个步骤：地震层序分析；水平面相对变化分析；地震相分析；地震相的地质解释。

1）地震反射的实质

从理论上说，地震反射代表地层的波阻抗差界面，或是岩石的物性界面，但这个问题还要结合地质情况作具体分析。

2）地震的层序分析

地震地层学是应用反射波的终止（消失）现象划分层序的。

地震层序分析的目的是划分出地震地层学研究的时代地层单位——地震层序。地震层序是沉积层序在地震剖面上的反映，它由一套互相整合的、成因上有关联的地层所组成，这套地层的顶界和底界都是不整合面以及和它相连接的整合面。

3）沉积过程中水面相对变化的分析

地震层序划分出后，可以进而研究本区在沉积过程中水面的相对变化。所谓水面的相对变化可以是水面本身的升降，可以是陆地表面的升降，也可以是两者同时有升降。

对于海相地层，研究海水面的相对变化，还可以帮助确定地层的时代。

4）地震相的分析

地质上划分沉积相是根据沉积的物理、生物和化学等特征。地震上划分相主要根据地震反射的参数。在一个地震层序中具有相似地震地层参数的地层单位就可划为一个地震相。

5）地震相的地质解释

地震相的地质解释就是解释地震相所反映的沉积环境，把地震相转为沉积相。

5.1.7.3　地震地层学的发展趋势

地震地层学的发展趋势可划分为两个方面：

（1）从地震资料中提取多种信息并因地制宜地用于解决岩性和油气问题，是地震地层学发展的一个趋势。

（2）层序地层学的出现是区域地震地层学的一个发展。

5.1.8　地震资料岩性解释和储层预测概述

地震资料的岩性解释和用地震资料作储层参数预测，对油气田开发过程的监测和管理是十分有用的。

5.1.8.1　地震资料岩性解释

1）砂泥岩含量预测

用地震资料作砂泥岩含量预测就是判断目的层中砂岩地层所占的百分比，这是岩性解释中通常要做的一项工作；但大多数砂泥岩含量预测方法是以目的层只有砂岩和泥岩两种岩性为前提的。

2）井控约束反演

井控约束反演是一种综合应用地震、测井、钻井、地质及实验室岩石物性研究成果的地震岩性反演方法，不同厂家或研究者对产品命名不尽相同，但处理步骤基本一致：第一步进行地震资料处理并用井孔资料标定；第二步建立波阻抗模型；第三步确定储层物性参数。

3）综合利用纵横波资料作岩性解释

仅靠单一的纵波资料难以实现全面的岩性解释，而且有多解性。纵横波资料的综合应用，明显拓宽了岩性解释范围，减少了多解性。

5.1.8.2 储层参数预测

孔隙度、渗透率和饱和度是储层参数中最重要的三个参数，地层压力也是一个重要的储层参数。就目前地震勘探水平来讲，地震资料可以较好地作出孔隙度和地层压力预测。

1）用地震资料预测孔隙度

孔隙度预测是地震资料储层预测方法中发展较早的一种，具体方法有多种，可根据工区具有的可用资料情况选择具体方法。

2）地层压力预测

目前，广泛用于地震资料预测地层压力的方法都是以地震层速度为基础资料的，其方法原理是：地层孔隙压力增大时，地震波速度降低；地层孔隙压力越高，速度越低。

5.1.8.3 用地震资料作油气预测

1）地震记录上烃的直接标志（DHI）

DHI是指地震剖面上出现的与烃存在有关的异常，这些异常共有10个：亮点、平点、同相轴下弯（速度下拉）、阴影区、低频现象、相位反转、同相轴中断、绕射波、暗点、气云。

2）振幅随炮检距变化（AVO）分析

AVO分析是在叠前对地震反射振幅随炮检距变化特征进行分析。AVO分析的最初目的是分辨真假亮点，现在已发展成为用途广泛的储层研究方法。

3）神经网络油气预测方法

人工神经网络（简称神经网络）运用计算机软件或硬件模拟人类大脑某些功能。由于神经网络的并行处理能力，分布式信息储存方式，自组织自学习能力，优异的模式识别能力，高度的鲁棒性和容错性等优点，使它自20世纪80年代中期以来，一直在各个领域发挥着重要的作用。地震油气预测利用的是神经网络优于其他方法的模式识别功能。

5.2 习题解析

5.2.1 名词解释

（1）地震标准层；（2）波组；（3）波系；（4）地震断面波；（5）地震绕射波；（6）地震回转波；（7）断裂系统图；（8）不整合；（9）地震构造图；（10）地震水平切片。

5.2.2 填空题

（1）目前，地震资料解释一般可分为________和________两部分。

（2）如果地下反射界面间距离足够大，并且地震脉冲延续时间很短，接近尖脉冲形状，则各反射界面的反射波是________的，那么可在地震记录上清晰地一一辨认出来。

（3）地震剖面有时间剖面和深度剖面两种，它们常用的显示形式有________、________、________、________等形式。

（4）反射波的对比共有________、________和________等三大标志。

（5）为了检查在各剖面上追踪的标准层层位是否正确和各条剖面上追踪的标准层是否属于同一层的同一相位，常常通过________予以判断。

（6）不整合可分为________和________两种。

（7）底辟构造包括________、________和________。

（8）地震构造图可分为________和________两大类。

（9）地震地层学是应用________现象来划分层序的。

（10）地质事件在地震上的响应可根据反射终止的方式区别划分为________、________、________和________ 4 种类型。

5.2.3 简答题

（1）地震剖面构造解释的主要研究内容包括哪些？

（2）地震剖面上反射波的对比标志主要有哪些？

（3）地震剖面的具体对比方法主要有哪些？

（4）试述闭合的定义及其不闭合的原因。

（5）试述断面反射波、绕射波、回转波产生的原因及其反射特征。

（6）断层在地震资料上的识别标志主要有哪些？

（7）断层在水平切片上的识别标志主要有哪些？

（8）如何在地震剖面上确定断面？

（9）断层在水平叠加剖面和真实地质剖面上的特征主要有哪些不同之处？

（10）试述断裂系统图的定义及其制作方法。

（11）简单背斜在水平叠加地震剖面上有何特点？

（12）不整合可分为哪几类及其各自在地震剖面上的特征？

（13）礁在地震剖面上会表现出哪些反射特征？

（14）盐底辟在地震剖面上有哪些反射特征？

（15）火成岩体在地震剖面上主要有哪些特征？

（16）水平叠加剖面存在哪些问题？

（17）试述地震构造图的类型及其编制方法。

（18）试述地震地层学今后发展的趋势。

5.2.4 论述题

如何运用地震资料预测油气？

5.3 参考答案

5.3.1 名词解释

（1）（略）

（2）波组：比较靠近的若干物性界面产生的反射波的组合。一般是由某一“标准波”及其邻近的几个反射波组成一组，其具有一定波形特征且能稳定追踪。

（3）波系：两个或两个以上波组所构成的反射层系。

（4）（略）

（5）地震绕射波：在水平叠加剖面上，尤其在共炮点道集上，在断层、不整合面、地层尖灭点可常见到类似双曲线状或抛物线状同相轴，叫绕射波。

（6）地震回转波：凹曲界面产生的反射波，当凹曲界面曲率较大，埋藏较深时，就会产生回转波。

（7）断裂系统图：同一反射界面（相当于同一地质层位）上所有的断层在水平面上的投影图。

（8）不整合：上下两地层为不连续沉积，其间有较长时期的沉积间断，沉积间断期间，原有的岩层遭到剥蚀。不整合可分为平行不整合和角度不整合两种。

（9）地震构造图：以等值线（等深度线或等时间线）及一些符号（断层、超复、尖灭等）表示的某一地震反射层在地下的起伏形状，从而也就表明了其对应地质界面的构造形态。

（10）地震水平切片：用平行于时间（或深度）基准面的平面切割 3D 数据体而成的。水平切片上的反射同相轴是上述平面切割各层反射波得到的图像。同相轴的宽度与反射波的频率及界面倾角有关。

5.3.2 填空题

（1）构造解释，岩性解释；

（2）互不干涉的；

（3）变面积记录，变密度记录，变面积和波形相结合的记录，变密度加波形记录；

（4）相位对比，波组对比，剖面间的对比；

（5）连井剖面；

（6）平行不整合，角度不整合；

（7）盐底辟，膏底辟，泥底辟；

（8）深度构造图，时间构造图；

（9）反射波的终止（消失）；

（10）削截，顶超，上超，下超。

5.3.3 简答题

（1）～（3）（略）。

（4）剖面闭合的原理是：两条测线的交点处，垂直入射到同一反射界面的路径只有一条，因此，其垂直反射时间 t_0 应相等。实际进行剖面的闭合时，允许有一定的闭合差。若不闭合，则在标准层的对比追踪中容易出现错误。

（5）～（15）（略）。

（16）①在界面倾斜情况下，按共中心点关系进行抽道集，动校正，水平叠加。实际上是共中心点叠加而不是真正的共反射点叠加，这会降低横向分辨能力，同时，水平叠加剖面上也存在绕射波没有收敛，干涉带没有分解，回转波没有归位，侧面波无法归位（在二维地震测线内）等问题。

②水平叠加剖面总是把界面上反射点的位置显示在地面共中心点下方的铅垂线上。当地层水平时，这种显示方式是与实际情况符合的，但当地层倾斜时，反射点位置就偏离了共中心点下方的铅垂线。这是因为在地表沿测线接收地震波时，波的射线是在界面法线平面内传播的，当地层倾斜时，界面法线平面与铅垂面并不正交（垂直），地层倾角越大，两者的差别越大。时间剖面上记录点位置与反射点的位置不相符合，记录点的显示位置总是相对于反射点向界面的下倾方向移动，这种现象使水平叠加剖面出现某些假象，这是不利于地震资料的地质解释的。

（17）目前，地震构造图大致可分为两大类：一类是以深度值表示的深度构造图，另一类是以反射时间值表示的时间构造图，简称等 t_0 图。同时等深度构造图又可分为：

①视铅直深度构造图；

②真深度构造图（铅直深度构造图）；

③法线深度构造图。

一般是绘制真深度构造图。编制等 t_0 时间构造图的基本步骤有：绘制测线平面位置图，上数据，断裂系统图绘制，勾值线等。时间构造图的基本数据取自地震时间剖面，读取标准层的反射时间值 t_0，时间构造图也可根据 3D 时间水平切片直接编制。深度构造图和时间构造图的编制方法步骤一样。

（18）（略）。

5.3.4 论述题

（略）。

第 6 章　几种常用的地震方法

6.1　理论概述

6.1.1　垂直地震剖面法

垂直地震剖面法 VSP 是在地面激发、井中接收的一种观测方式，它是由地震测井方法发展而建立起来的一种地震勘探方法。

地震测井和垂直地震剖面的不同之处有：

(1) 前者只须利用记录的初至波；后者不仅利用记录的初至波，还要利用记录的续至波。

(2) 前者的观测点距通常较大；后者的观测点距很小。

(3) 前者只利用震源在井口附近的零偏移距观测系统；后者还利用震源偏离井口非零偏移距观测系统和多偏移距观测系统。

(4) 前者的目的主要是测定波速；后者主要是研究井旁地层剖面及在实际地质介质中研究波的形成和传播规律。

6.1.1.1　透射波时距曲线

地面激发井中接收这种观测方式得出的是地震波的垂直时距曲线。下面简要讨论一下水平层状介质的透射波垂直时距曲线和均匀介质含偏移距的直达波时距曲线。

1) 水平层状介质的透射波垂直时距曲线

如图 6.1.1 所示，水平层状介质的情况下，各层的速度分别为 v_1，v_2，…，v_n；各界面的深度分别为 H_1，H_2，…，H_n。那么 n 层介质的垂直时距曲线方程为

$$t=\frac{H_1}{v_1}+\sum_{i=2}^{n-1}\frac{H_i-H_{i-1}}{v_i}+\frac{Z-H_{n-1}}{v_n} \tag{6.1.1}$$

式中　Z——H 方向上的深度。

从式 (6.1.1) 可以看出垂直时距曲线的主要特点为：它是一条折线，其中每一直线段与一个水平层对应，每段直线斜率的倒数就是该层的层速度。

2) 均匀介质含偏移距的直达波时距曲线

如图 6.1.2 所示，在含偏移距的井中观测方式下，透射波的时距曲线方程为

$$t=\frac{1}{v}\sqrt{z^2+d^2} \tag{6.1.2}$$

6.1.1.2　VSP 资料处理

VSP 资料的处理可分为三步。第一步为预备处理，包括解编、相关、编辑、增益恢复等。第二步是常规处理，包括零偏移距 VSP 资料处理的同深度叠加、初至拾取、静态时移和排齐、震源子波整形、带通滤波、振幅处理、上行波和下行波的分离、反褶积、垂直叠加

等。第三步是其他处理，包括偏移距 VSP 资料处理、斜井 VSP、移动震源 VSP、三分量 VSP 资料处理等。

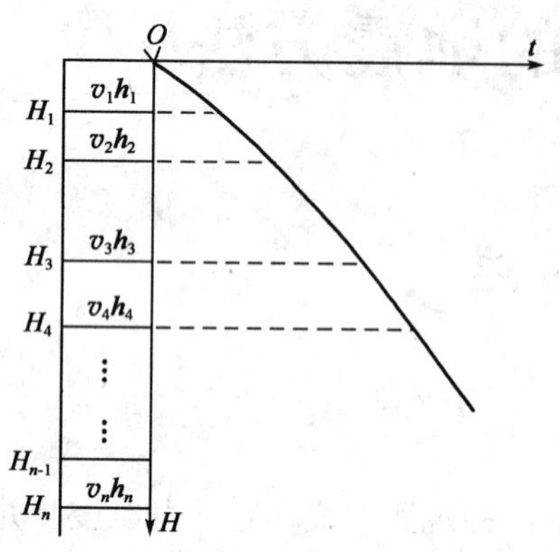

图 6.1.1　层状介质垂直时距曲线

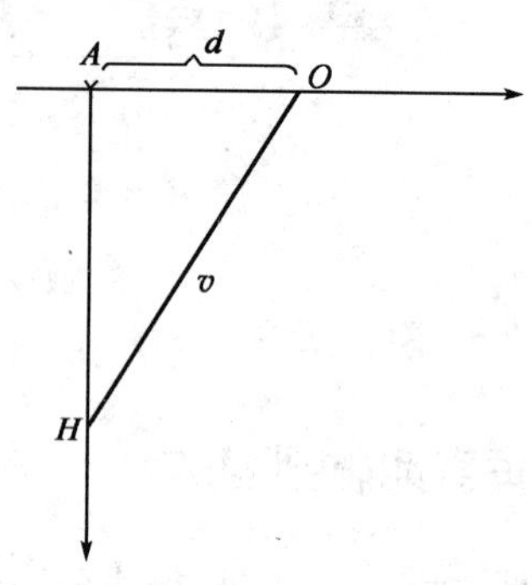

图 6.1.2　含偏移距的井中观测方式

1）常规处理

（1）同深度叠加。

同深度叠加类似于常规地震勘探中的垂直叠加，即对每一井下观测深度，重复激发若干次，每次独立地记录，而后将这些多次记录起始时间对齐并相加。

同深度叠加的目的是：

①增强信号能量；

②压制随机噪声。

影响同深度叠加效果的因素包括：

①每道子波特征是否相同；

②是否有相干噪声存在；

③起始时间是否对齐。

（2）初至拾取。

所谓初至拾取是指确定 VSP 每一深度的记录道上初至下行波的起始时间。初至拾取的主要用途有：

①建立可靠的时深关系；

②以较高的精度计算层速度；

③对声波测井曲线进行标定；

④为排齐、提取子波波形等后面的处理提供可靠的参数。

（3）静态时移和排齐。

排齐是 VSP 资料常规处理中必不可少的处理项目。所谓排齐，就是通过时移将记录上的同相轴按时间对齐。

（4）震源子波整形。

大多数的 VSP 处理和解释都是以每个深度道有相同震源子波波形的假设为前提的，但是，VSP 实际观测时，震源子波波形很少一致。为了解决这一问题，通常在震源附近布置一震源监控检波器，并利用监控检波器记录的波形，对每道记录作震源子波整形滤波。震源滤波处理过程可分为两步：

①选择某一监控检波器记录的震源子波为期望输出（或标准子波），其他各深度道监控

检波器记录的各个震源子波作为输入（原始子波，每次只输入一道），用最小平方法求出每一道子波整形的滤波算子。

②用求出的滤波算子，对相应深度井下检波器的原始记录作反褶积，求得该深度道经过子波整形的记录。

（5）频谱分析和带通滤波。

带通滤波的目的是压制随机噪声背景和某些相干噪声。为此需要进行频谱分析，选择合适的带通滤波。

（6）振幅处理。

影响地震波振幅的因素很多，但是与地下岩性关系较少的波前几何扩散对地震波的振幅影响最大。因此，利用振幅参数，首先要补偿几何扩散造成的能量损失，补偿原理与地面地震处理类似。

（7）分离上行波和下行波。

VSP资料中既有上行波，又有下行波。分离VSP记录上的上行波和下行波主要是依据两者的视速度不同。在VSP中，下行波随着记录深度增强，旅行时增加，视速度为正号；上行波随着记录深度增加，旅行时减少，视速度为负号。VSP波场分离的主要特点包括：

①下行波能量很强，上行波能量很弱。为了恢复上行波信号，这就要求速度滤波器在非常窄的速度带宽内具有极有效的压制作用。

②空间采样点受井内条件的限制，点距一般不规则，这给一些要求规则采样的波场分离方法的使用带来困难。

③实际操作中，希望参加速度滤波的道数尽可能少，这一方面是因为道数多时，传播信号的特性容易变化，另一方面是因为受成本和施工条件的限制。

（8）反褶积。

反褶积也是VSP资料处理过程中的一项重要处理，其主要内容包括：

①利用下行波计算反褶积算子，对下行波列作反褶积。

②利用下行波提取的算子，对上行波列作反褶积。

③利用VSP提取的反褶积算子，对地表记录作反褶积。

（9）垂直求和叠加。

为了增强上行波，衰减下行波，提高信噪比，使VSP资料更好地与井旁地面地震剖面对比，常进行垂直求和处理。

2）偏移距VSP资料的处理

偏移距VSP的处理和解释比零偏移距复杂。对于构造解释来说，主要涉及的问题是：

（1）反射点位置不好确定，它随接收器深度和旅行时的变化而改变（垂直方向和水平方向都改变）。

（2）速度剖面在横向发生变化。

6.1.1.3 VSP资料的解释和应用

1）改善地面地震资料的解释效果

利用VSP资料能可靠地识别多次波，帮助区分地面地震记录上的一次反射，还可以设计出更合理的反褶积算子，以提高地面地震记录的分辨率。

（1）识别地面地震记录上的多次波。

利用VSP资料可以帮助识别地面地震记录上的多次波，并反映多次波的来源与传播过程。多次波同相轴的主要特征是：

①多次波同相轴与相应的一次波同相轴大致平行，但多次波的旅行时大于相应的一次波旅行时，这里所说的相应是指产生多次反射的界面和产生一次反射的界面是同一界面。

②上行一次反射波与下行直达波的同相轴相交，并以下行直达波为其终止，但层间多次波的同相轴与下行直达波不能相交，即不能延伸到下行直达波，这是识别多次波的主要标志。

③多次波同相轴终止的深度位置反映形成多次波的最深一次反射界面，由此可判断多次波的来源。

④追踪多次波同相轴的整个形态及其与其他同相轴的联结关系，可以指明多次波在各个界面上来回反射的传播过程。

（2）提高地面地震记录的分辨率。

利用VSP资料可以改善地面地震记录反褶积的效果，提高地面地震记录的分辨率。

（3）可靠地识别地震反射层的地质层位。

在地面地震资料的地质解释中，可靠地识别地震反射的地质层位是一项非常重要的基础工作。具体来说，解释人员主要借助VSP资料来解决以下问题：

①某反射的波峰还是波谷与地下某地质界面相对应，该反射反映不同岩性和不同时代的地质界面，每一反射到达地面的时间及反射界面的准确深度。

②地层序列上，哪些岩性界面在地震资料中可能见到，哪些不可能见到。

③测井资料作出的合成记录与井旁地震剖面对比时发生不一致的原因。

（4）为地面地震资料处理和解释提供比较可靠的参数。

根据拾取的下行直达波初至时间可作出比较精确的时深曲线，从而计算出比较精确的平均速度和层速度。平均速度一方面可用于叠加等地震资料处理，另一方面可用于时间剖面到深度剖面的转换。层速度除与偏移等处理有关外，还可直接用于地层的岩性解释。

2）研究井孔附近地层的构造细节与岩性的变化

提高地震勘探的分辨能力是地震勘探学家多年来追求的目标。VSP资料与地面地震资料相比，具有较高的信噪比与分辨能力，因此，VSP资料可以用于研究井孔附近的地层构造细节，确定井旁的小断层、断点的位置、地层的倾角与地层的微裂缝等。

VSP是地层岩性勘探的一个有力工具，并且在这个领域内有着宽广的发展前景。

6.1.2 多波多分量地震勘探

多波勘探是近年来发展较快的勘探方法之一，在它的地震记录上可以得到丰富的信息，这不仅可以帮助我们研究岩性，还可以研究地下介质的裂缝等特性，这对石油天然气的精细勘探和开发有着重要的指导意义。

6.1.2.1 多波地震勘探的理论基础

1）纵波、横波

由地震波动力学理论可知，地震波在弹性介质中会产生两种波：一种是在介质中质点振动方向与波的传播方向一致的纵波，另一种是介质中质点振动的方向与波的传播方向相互垂直的横波。

多年来，地震勘探一直利用纵波进行勘探，这是由于纵波的特点，它只需用一个垂直分量的检波器记录。横波分为两种，一种是在射线平面以内传播的SH横波，另一种是垂直于射线平面的 SV 横波。这两种横波是耦合在一起的，所以横波具有极化特性。

2）地震各向异性

实际工作中，介质的弹性参数与波的传播方向有关，包括波传播的速度、振幅、偏振特性等，具有这种性质的介质叫各向异性介质。

（1）各向异性分类。

在地震勘探中，最常见的各向异性介质是横向各向同性介质（简称 TI 介质）。横向各向同性介质有两种，如图 6.1.3 所示，一种是具有垂直对称轴，在垂直于对称轴的平面内，介质是各向同性的，在其他平面内，介质是各向异性的（简称为 PTL 介质）；另一种是方位各向异性（简称为 EDA 介质），它是由平行的垂直裂缝或定向的空隙所引起的，具有水平的无限次旋转轴的介质。

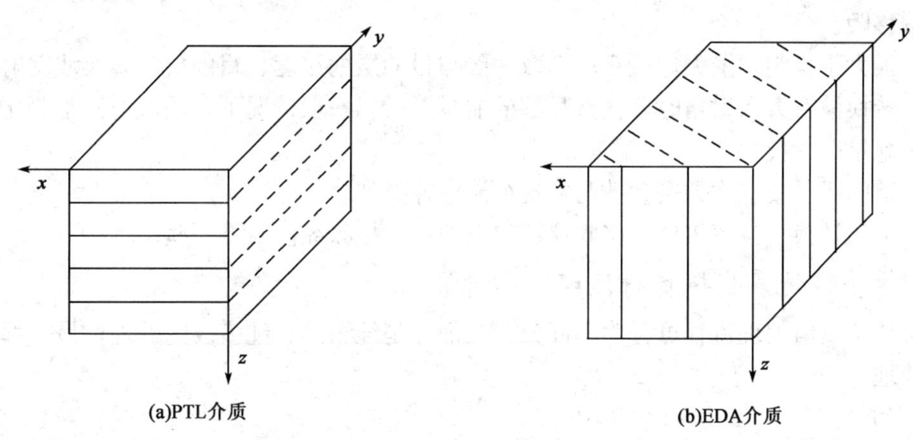

图 6.1.3　横向各向同性介质类型示意图

（2）横波双折射。

横波穿过 EDA 介质时会发生横波双折射现象，也即横波分裂，这时会出现两种横波，一种是质点振动平行于裂缝方向传播的快横波，一种是质点振动垂直裂缝方向传播的慢横波。

（3）纵波方位各向异性。

利用三维纵波资料可以研究裂缝的方位。由于三维采集时具有不同的方位，例如平行裂缝走向或垂直于裂缝走向，其振幅特性随方位的不同而不同。在一定的炮检距下，当平行裂缝时，振幅表现极大；而垂直裂缝时，振幅出现极小。这样，利用纵波不同方位的振幅特性，就可检测裂缝发育的方向。

6.1.2.2　多波地震资料采集

多波地震资料采集比单一纵波采集要复杂得多。

1）采集设备

（1）首先要有产生纵波、横波的震源设备。

（2）三分量检波器。现在有两种三分量检波器，一种是直角坐标系；另一种是 54°检波器。三分量检波器因比较昂贵，所以一般不作组合。

2）多波采集方式

（1）九分量采集。真正的多波采集勘探是用三个震源（一个纵波、两个横波）激发，三分量检波器接收。

（2）四分量记录。在已作过纵波勘探的地区，可以采用四分量记录，即两个横波震源，两个横波检波器。

（3）三分量记录。一个纵波震源，三分量检波器，也叫转换波勘探，这样记录到耦合在一起的纵波、转换波，经过波场分离可得到纵波、转换横波，大大节省了采集费用，提高了效率。

3）观测系统

观测系统设计的主要参数包括最小炮检距、最大炮检距、道间距、覆盖次数和接收参数等。

（1）最小炮检距。由于转换波在近炮检距的反射能量较弱，一般认为偏移距（最小炮检距）应该加大。但是考虑到接收纵波反射时，偏移距不宜过大，一般仍采用纵波观测系统所设计的偏移距。

（2）最大炮检距。最大炮检距的选取一般与目的层的深度、目的层的转换波反射系数有关。由于转换波在大入射角时才会有足够的能量，所以一般情况下，最大炮检距要比纵波勘探的最大炮检距大。

（3）道间距、覆盖次数等参数与常规纵波勘探类似。

（4）由于转换波频率较低，接收仪器的频率要比接收纵波时低一些。

6.1.2.3 多波地震勘探资料处理

多波地震资料处理流程可分为两部分：一部分是纯纵波、纯横波的处理；另一部分是转换波的处理。

1）多波处理

（1）多波处理流程。多波处理流程主要有波场合成和波场分离，九类炮点记录的常规处理和特殊处理。

（2）波场分离。多波地震资料记录了丰富的波场信息，但在应用时必须识别各种波场，因此，波场分离就是最重要的处理内容。多波的波场分离方法，不同点在于有时要考虑各向异性的影响。

（3）横波静校正。横波速度通常为纵波速度的1/2或更小，所以横波的静校正量很大，且受地形起伏、厚度以及低速带的影响，横波静校正量变化也剧烈，做好横波静校正十分重要。

2）转换波处理流程

转换波的处理主要包括预处理、共转换点（CCP）道集选排、速度分析、共转换点叠加、叠前偏移、叠后偏移等。

6.1.2.4 多波地震资料解释和反演

多波地震资料包含着丰富的地震信息，利用这些信息不仅可以解释岩性，还可以检测油气藏和裂缝参数，为储层的精细描述提供帮助。

1）纵、横波联合反演

（1）直接检测。对于含水砂岩，纵波、横波均为弱反射；对含煤砂岩，纵、横波均为强反射；但对于含气砂岩，纵波为强反射，横波为弱反射，这样就直接检测了气藏。

（2）多波AVO。多波AVO是指振幅随着炮检距变化。对于多波AVO，因为地震波振幅的变化与许多因素有关，多解性强，如果不仅用纵波，也用横波、转换波，这就大大减少了多解性。

2）裂缝参数反演

当地下存在含裂缝地层时，其表现为各向异性，含裂缝油气储层中的裂缝分布控制油气产量，所以研究裂缝的方位、密度对油气田的勘探和开发具有重要意义。

6.1.3 四维地震勘探

对同一目标区重复多次进行地震测量、记录，分析地震响应的差异，可识别储层的变化，这就是四维地震即时延地震。现在所说的四维地震就是指重复三维地震测量进行油藏动态监测。

四维地震的主要用途包括：

（1）进行油藏精细描述，揭示各种隐蔽油气藏。

（2）预测裂缝发育方向。

（3）动态监测油藏内部流体运动规律。

（4）进行热采、水驱、气驱等监测，提高采收率。

（5）找出储层内的剩余油目标区。

（6）钻探新井，增加老油田的可采油气量。

（7）降低成本，增加储量，实现油藏最佳管理。

6.1.3.1 四维地震的可行性与研究前提

1）可行性研究

四维地震应用难度很大，在项目实施前，必须进行技术风险分析，对其实施的可行性进行认真的评价。可行性研究一般包括两个方面，一是四维地震监测的适用性或称为技术风险评价；二是四维地震监测的经济有效性。

2）研究前提

由于注采所造成的地震响应变化因油田而异，因储层而不同。只有包括储层所有变化的综合效应在给定的地震分辨率范围内存在稳定可信的地震差异时，四维地震才能得到成功应用。

（1）储层条件。四维地震并非适用于所用的储层，要进行四维地震监测，油藏本身必须满足特定的条件。

（2）注采方式。尽管储层地震特性的变化与油藏开采过程有关，但并不是所有的采油过程都能进行地震监测。因此，充分认识开采过程与储层地震特性之间的关系，了解采油方式引起油藏特性的变化对四维地震监测的实施非常重要。

（3）地震条件。当油藏特性、注采方式均满足监测条件时，地震资料质量的好坏直接决定了四维地震监测的成败。

6.1.3.2 四维地震资料处理方法与原则

地震监测资料处理总的要求是相对振幅保持处理、高信噪比处理和一致性处理。其中一致性处理的难度较大，同时它也是处理的关键。地震监测资料一致性处理的原则是尽可能克服由于采集造成的不一致，使监测地震资料与基础地震资料具有良好的可比性。为达到这一目的，具体有如下要求：

（1）检查地震资料非一致性的原因。

(2) 保证处理流程与参数的一致。

(3) 保证相同的偏移距与覆盖次数。

(4) 合理选择处理模板。

(5) 进行互均衡处理与归一化处理。

6.1.3.3 四维地震资料解释方法

经过前期的资料采集与精心处理之后，地震监测资料能否真正用于油藏管理，在很大程度上取决于资料的解释，而且解释结果的好坏直接关系到地震监测所能发挥的效益，因此，地震监测资料的解释对整个地震监测来说是非常重要的。常用的解释方法主要有直接分析法和地震属性分析法。

1) 直接分析法

直接分析法简单直观，按照油藏特性的变化所引起地震反射特征的不同，直接分析法可分为层间时差分析法、振幅分析法、速度分析法和频谱分析法。它们的共同特点是利用单个地震属性差值对地震监测资料进行解释。

2) 地震属性分析法

在地震监测资料的解释中，有时单一地利用时差、振幅和波阻抗等还不足以刻画储层流体特性的变化情况。为了满足地震监测资料解释的需要，通常需要从地震监测资料中提取更多的信息。地震属性分析的目的是试图从地震资料中提取隐藏在数据里的信息，以充分利用地震资料中的信息。

6.1.4 微震监测

微震监测是开发地震的一种方法。它用的不是专门人工震源产生的地震波，而是利用油气开采、注水、水力压裂或热驱引起地下应力场变化，导致岩层产生破裂所产生的地震波。

6.1.4.1 微震监测原理

(1) 水力压裂微震监测。微震一般都发生在裂缝周围很窄的区间内，因此，确定了这些微震震源位置就圈定了水力压裂裂缝的位置，即确定了水力压裂裂缝的空间位置和形状。

(2) 油气开采微震监测。因为微震一般发生在油气采出储层的正上方或下方，因此，确定微震震源位置即可推断储层中流体运动前缘位置及其他有用信息。

(3) 注水诱发地震的物理机制。由于裂缝或断层发生在注入水的到达区，即微震震源在注入水到达区，因此确定了微震震源位置便知道了注入水前缘位置。

(4) 热驱微震监测。由于微震产生在岩石的加热区，因此，确定微震震源空间位置，确定加热区的空间范围，从而可对热驱作出合理调整，提高效益。

6.1.4.2 微震监测的用处、发展现状和前景

微震监测的最终目的是提高采收率和降低油气田开发成本。

从整个发展状况来看，水力压裂微震检测法已是经过长时间大量试验证实了的一种有效的实用方法，但目前它的软、硬件商业化程度都不高。

“仪表化油田”可能是对微震监测前景的一种最好描述，虽然目前真正符合上述含义的仪表化油田还不存在，但是仪表化油田的设想无疑描述了对油气田开发进行全程实时监测和最优化管理的美好图景。

6.2 习题解析

6.2.1 名词解释

（1）垂直地震剖面法；（2）初至拾取；（3）地震转换波；（4）PTL 介质；（5）EDA 介质；（6）AVO 技术；（7）四维地震；（8）微震监测。

6.2.2 填空题

（1）地震测井只须利用地震记录上的________，而垂直地震剖面法不仅要利用记录上的________，还要利用记录上的________。

（2）VSP 资料的处理可分为________、________和________三步骤。

（3）VSP 记录中有两类排齐，一类是________，一类是________，两者是分别进行的。

（4）利用 VSP 资料可以改善地面地震记录的反褶积效果，从而可以提高地面地震记录的________。

（5）当横波穿过 EDA 介质时会发生________现象，也就是横波分裂，此时会出现两种横波。

（6）在地震勘探中，横向各向同性介质有________和________两种。

（7）多波地震资料处理流程可分为________和________两部分内容。

（8）监测地震剖面与基础地震剖面之差称为________或________，它是油藏物性变化的地震表现。

（9）地震监测资料处理总的要求是相对振幅保持处理、高信噪比处理和________，其中________的难度最大，同时也是处理的关键。

（10）微震监测的最终目的是为了________、________。

6.2.3 简答题

（1）地震测井和垂直地震剖面法主要有哪些不同？

（2）VSP 资料主要有哪些处理步骤？

（3）同深度叠加的定义及其目的和影响因素？

（4）初至拾取主要有哪些用途？

（5）反褶积处理主要包括哪些内容？

（6）在 VSP 资料中，多次反射波同相轴主要有哪些特征？

（7）偏移距 VSP 资料的处理对于构造解释来说，主要涉及哪些问题？

（8）解释人员借助于 VSP 资料主要可以解决哪些问题？

（9）如何利用纵波不同方位的振幅特性监测裂缝发育的方向？

（10）最大炮检距和最小炮检距对地震资料有哪些影响以及应如何选取？

（11）四维地震在油田中的应用主要表现在哪些方面？

（12）简述水力压裂微震监测的原理。

6.2.4 计算题

（1）试推导出水平层状介质下的透射波垂直时距曲线。

（2）在两层介质的情况下，试推导出水平界面含偏移距的向上反射波的时距曲线。

6.3 参考答案

6.3.1 名词解释

（1）垂直地震剖面法：在地面激发、井中接收的一种观测方式，由地震测井方法发展而建立起来的一种地震勘探方法。

（2）初至拾取：拾取地震信号的初至时间。

（3）地震转换波：入射波的性质发生突变的反射波或透射波。

（4）PTL介质：它具有垂直对称轴，在垂直于对称轴的平面内，介质是各向同性的，而其他平面内的介质是各向异性的。

（5）EDA介质：它的方位是各向异性的，由平面的垂直裂缝或定向空隙引起、有水平无限次旋转轴的介质。

（6）AVO技术：一种研究岩性的比较细致的方法，需要有地质测井钻井资料的配合，在油田开发阶段使用比较合适，它是在地质构造形态已比较清楚的基础上，进一步研究地层的含油气情况。

（7）四维地震：是指对同一目标重复多次进行地震测量、记录，分析地震响应的差异，可识别储层的变化。

（8）微震监测：利用水力压裂、油气采出，或常规注水、注气以及热驱等石油工程作业引起地下应力场变化，导致岩层裂缝或错断所产生的地震波，进行水力压裂裂缝成像或对储层流体运动进行监测的方法。

6.3.2 填空题

（1）初至波，初至波，续至波；

（2）预备处理，常规处理，其他处理；

（3）下行波排齐，上行波排齐；

（4）分辨率；

（5）双折射；

（6）PTL介质，EDA介质；

（7）纯纵波、纯横波的处理，转换波的处理；

（8）地震差异剖面，地震异常剖面；

（9）一致性处理，一致性处理；

（10）提高采收率，降低油气田开发成本。

6.3.3 简答题

（1）前者只需利用记录的初至波，后者不仅利用记录的初至波，还要利用记录的续至波；前者的观测点距离通常比较大，后者还利用震源偏离井口非零偏移距观测系统和多偏移距观测系统；前者的目的主要是测定波速，后者主要是研究井旁地层剖面以及在实际地质介质中研究波的形成和传播规律。

（2）～（7）（略）。

（8）①可以改善地面地震资料的解释效果，包括：识别地面地震记录上的多次波、提高地面地震记录的分辨率、可靠地识别地震反射层的地质层位以及为地面地震资料处理和解释提供比较可靠的参数；

②研究井孔附近地层的构造细节与岩性的变化。

（9）（略）。

（10）①影响。

（i）最小炮检距的影响。由于转换波在近炮检距的反射能量较弱，一般认为偏移距（最小炮检距）应该加大。但是考虑到接收纵波反射时，偏移距不宜过大，一般仍采用纵波观测系统所设计的偏移距。

（ii）最大炮检距的影响。最大炮检距的选取一般与目的层的深度、目的层的转换波反射系数有关。由于转换波在大入射角时才会有足够的能量，所以一般情况下，最大炮检距要比纵波勘探的最大炮检距大。

②选取方法。

根据野外工作中的试验工作资料判断如何选取最佳的炮检距。

（11）（略）。

（12）水力压裂初期，大量超过地层吸收能力的高压流体泵入井中，在井底附近形成很高的压力，其值超过岩石围应力与抗张强度之和，导致张性裂缝的产生。随后，带有支撑剂的高压流体挤入裂缝，使裂缝向地层深处延伸，同时加高，加宽。裂缝周围岩石的孔隙流体压力不断提高，岩石骨架的有效围应力降低，直至岩石骨架抵抗不住所受到的构造压力而产生剪切裂缝。裂缝的生成使岩石里逐渐积累起来的能量以波的形式释放出来，即产生了地震，这种地震波很微弱，故称微震。

6.3.4 计算题

（1）（略）。

（2）解：如图 6.3.1 所示，设界面深度为 H，激发点 O 与井口 A 的距离为 d，井中任意一观测点 B 的坐标为 z，波速为 v，则时距曲线方程为：

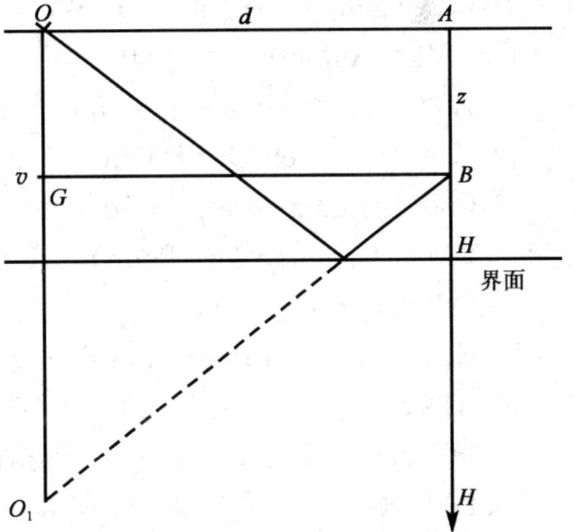

图 6.3.1　含偏移距的反射波时距曲线

$$t=\sqrt{(2H-z)^2+d^2}/v$$

附录A 勘探地震学常用术语及公式

A1 常用术语缩写

1. 2D (Two Dimensional)：二维。

2. 3C (Three Component)：三分量。

3. 3D (Three Dimensional)：三维。

4. 9C (Nine Component)：九分量。3分量震源×3分量检波器＝九分量。

5. 3C3D：三分量三维。

6. 9C3D：九分量三维。

7. A/D (Analog to Digital)：模数转换。

8. AGC (Automatic Gain Control)：自动增益控制。

9. AVA (Amplitude Variation With Angle)：振幅随采集平面方位角的变化。

10. AVO (Amplitude Variation With Offset)：振幅随偏移距的变化。

11. AVOA：振幅随炮检距和方位角的变化。

12. CDP (Common Depth Point)：共深度点。

13. CDPS (Common Depth Point Stack)：共深度点叠加。

14. CMP (Common Mid Point)：共反射面元，共中心点。

15. CPU (Central Processing Unit)：中央控制单元。

16. CRP (Common Reflection Point) ：共反射点。

17. D/A (Digital to Analog)：数模转换。

18. dB/octa (dB/octve)：分贝/倍频程。

19. DMO (Dip Moveout Processing)：倾角时差校正。

20. G波（G-wave)：一种长周期（40～300s）的拉夫波，通常只限于海上传播。

21. H波（H-wave)：水力波。

22. K波（K-wave)：地核中传播的一种P波。

23. L波（L-wave)：天然地震产生的长波长面波。

24. P波（P-wave)：即纵波。也称初始波、压缩波、膨胀波、无旋波。

25. Q波（Q-wave)：拉夫波。

26. SH波（SH-wave)：水平偏振横波。质点在垂直于入射平面的方向上振动的波叫水平偏振横波。

27. SV波（SV-wave)：垂直偏振横波。质点在入射平面内且垂直于传播方向振动的波叫垂直偏振横波。

28. S波（S-wave)：即横波。也叫次波、切变波、旋转波、切向波。

29. IFP (Instantaneous Floating Point)：仪器上的瞬时沸点放大器。

30. LVL (Low Velocity Layer)：低速层。

31. NMO（Normal Moveout Correction）：正常时差校正，动校正。

32. OBS（Ocean Bottom Seismometer）：海底检波器。

33. QC（Quality Control）：质量控制。

34. Q 处理（Q Processing）：补偿高频随距离的增加而损失的一种反褶积，它使波形不依赖时间。通常 Q 是未知的，所以常估算为速度的 3%（以 m/s 表示时）。

35. SEG（Society of Exploration Geophysicists）：勘探地球物理协会。

36. SWD（Seismic While Drilling）：随钻地震。

37. VSP（Vertical Seismic Profiling）：垂直地震剖面。

38. $\tau-P$ 变换（tau-p mapping）：也称倾斜叠加、随机变换和平面波分解。未叠加过的地震记录或共中心点道集可以用斜率 P 及截距时间 τ 来表示。可在 $\tau-P$ 图上滤波，滤波后的结果又可以变换成记录。

A2　常用术语解释

一画

一维数字滤波：是指仅在时间域或频率域上及仅在空间域或波数域上进行的数字滤波。滤波过程只涉及一个变量的函数。

二画

二维地震勘探：采用纵测线或非纵测线观测的方法得到剖面资料的地震勘探方法。

二维滤波：频率—波数滤波，也叫 $f-k$ 滤波。它根据有效波和干扰波在频率—波数谱上的差异来压制干扰波，从而提高信噪比。

几何地震学：地震波运动学是通过波前、射线等几何图形来研究地震波的传播规律，称为几何地震学。

人工神经网络：是对人的大脑的模拟。是与大量的神经元（处理单元）广泛互连而形成的网络。在地震勘探中用于地震速度的拾取，进行地震道编辑，进行地震属性标定，进行地震地层模式识别，求取储层特征，进行储层横向预测等。

入射角：射线与界面法线的夹角。它与各向同性介质中波前与界面的夹角相同。

三画

干扰：在地震勘探中所有无用的信号。它是来自其他源的信号，掩盖了有用信号。

干扰波：就是妨碍追踪和识别有效波的波。

干涉：两个或多个波形的叠加，在波峰和波峰相加处加强，在波峰和波谷相加处减弱。

工作站：是小型的计算机系统。一种交互终端，可以是独立的，也可以与计算机连接。

广角反射：入射角接近或大于临界角的反射。在接近于临界角时，反射系数可以具有较大的数值。

三瞬参数：即瞬时振幅或振幅包络、瞬时相位、瞬时频率。

三瞬剖面：瞬时振幅剖面、瞬时频率剖面、瞬时相位剖面。

三维地震勘探：在一个观测面上进行观测，对所得资料进行三维偏移叠加处理，以获得地下地质构造在三维空间的特征。

子波：有一定延续度的单个地震反射波或者仅仅由几个周期所构成的一种地震脉冲。

四画

反 Q 滤波：得到的记录像是经过了低通滤波一样，称为 Q 滤波。设计出一个与 Q 滤波特性相反的滤波器，对记录进行滤波，去掉地层的吸收作用，就是反 Q 滤波。

反射波：地震波在传播时，遇到两种不同介质的分界面，便变会产生波的反射，在原来介质中形成一种新的波，即反射波。地震勘探上习惯叫有效波。它是经由波阻抗界面（反射界面）或地壳中一系列界面反射回来的由地震震源所产生的能量形成的波动。

反射法勘探：在一次激发后利用反射法来探查地质构造或岩性特征。它可以测定由波阻抗分界面上所反射回来的地震波同相轴的到达时间及波形的变化。

反射界面：能够反射地震波的岩层界面。它是两个不同岩层的分界面，可以在大范围内传播反射波。

反射系数：反射波的振幅与入射波的振幅之比，叫反射界面的反射系数。

反射折射波：由折射能量产生的波。它是从折射层不连续处（如断层）反射或绕射回来的。其特征是视速度等于折射层速度，没有正常时差。其包括在各反射界面间曾经多次反射过的首波能量在内的多次折射波。折射性多次反射的结果，往往是在记录上使折射波相位增多。

反褶积：一种为把波形恢复到线形滤波（褶积）之前的形状而设计的一种处理方法。一种用于地震反射及其他资料，为提高反射同相轴的可识性和分辨率的数据处理技术。反褶积的目的是去掉先前滤波作用的不良影响。

分贝/倍频程：表示曲线陡度的单位，这些曲线是滤波器特性曲线之类的参数和频率之间的关系曲线。

分辨率：是指分辨出两个十分靠近的物体的能力。

互均化：对一道进行滤波，使其频谱和相邻道的频谱相匹配（包括相位移动，各频率成分的振幅调节）。

互相关函数：两个波形之间的相似性或线性相关性的一种量度，或者说一个波形作为另一个波形的线性函数的程度的量度。

井间地震技术：将震源置入井中并在临近的一口或几口井中放置接收器的井下地震方法。

气枪：一种海洋地震勘探的震源。

升频扫描：频率随时间而增加的一种可控震源的扫描。

水波：出现在水上的一种面波，通常是由风力引起的。

水底地滚波：一种出现在水底或海底的假瑞利波，有些类似于陆地上的地滚波。

水平叠加：就是把共深度点道集的记录动、静校正以后叠加起来。

水平基准面：地表平缓区域高差小于 100m，低降速带厚度变化不大时建立的基准（静校正）。

无规则干扰波：无一定频率、无一定视速度的干扰波。

五画

白化：将某一通频带中所有频率的振幅调到相同的水平，是反褶积的一种方法。

白噪：指具有均匀频谱的噪声。

包络：也叫包线，包围着高频信号的低频曲线。通常平滑连接相邻波峰或波谷勾画出该曲线。

长波长分量：当剩余静校正量的变化波长大于或等于排列长度时，叫做长波长分量。

电测深法：一种直流电阻率或激发极化法，电极间距逐步增大以得到给定地面位置上越来越深的消息。

电法勘探：通过测量地表或近地表的天然或感应的电场或电位差，绘制矿藏分布图，或用于地质图、基底填图。

电缆波：在速度测井过程中，能量沿着悬挂检波器的电缆传播的波。

电剖面法：一种电阻率法。应用固定的电极距沿着测线逐步移动，用来探测当沿剖面移动时电阻率的变化。

对比：就是在剖面上识别和追踪同一层反射波的过程。

功率谱：功率密度对频率的关系曲线。功率谱是振幅—频率响应的平方或自相关函数的傅立叶余弦变换。

归零：使记录道振幅值等于零（有时充零）。

计算机集群系统：是指利用网络将一组商用高性能微机、工作站或服务器按某种结构连接起来，在并行计算环境支持下统一调度的并行处理系统。

加权组合：组合时，组内各检波器或震源在该组的总输出中所起的作用不同，通过改变它们的几何分布来实现。

可分辨极限：在地震勘探中，可分辨极限取决于判别的标准。瑞利分辨极限为$\lambda/4$，维迪斯极限为$\lambda/8$。未偏移地震剖面的水平分辨率经常取为第一菲涅尔带的宽度。

可控震源：一种用振动器做成的震源，能用它来产生可以控制的波列。

尼奎斯特频率：是指采样率不会出现假频的最高频率，它等于采样频率的一半，也称为折叠频率。当大于尼奎斯特频率时，将出现假频。

平均速度：一组水平层状介质中某一界面以上介质的平均速度就是地震波垂直穿过该界面以上各层的总厚度与总传播时间之比。平均速度小于均方根速度。

平面波：波前为平面的波，以波面为平面的形式在介质中传播的波叫平面波。它是一种简单的波，在垂直于波传播方向的任一平面上，各点的振动是相同的。

平台（计算机）：为计算机工作提供支持功能的硬件和软件的环境。

区域均衡：为了在剖面上只突出最强的反射，对整条测线上所有道记录在空间、时间上进行振幅平衡。

四维地震：在油藏生产过程中，在同一地方，利用不同时间重复采集的、经过互均化处理的、具有可重复性的三维地震数据体、应用时间差分技术，综合岩石物理学和油藏工程等多学科资料，监测油藏变化，进行油藏管理的一种技术。

正常波散：地震面波的速度在通常情况下随频率增加而衰减。

正常时差速度：在源—检距变得很小时用来作正常时差校正的一种速度。

主波长：指的是由主频率分量所确定的波长。

主频：频谱曲线极大值所对应的频率，也就是一般所说的地震脉冲的主频率。

六画

次生干扰：震源激发后地震波在传播过程中遇到一定的客观条件而产生的次一级干扰。

地表校正：对地球物理观测结果所作的地表异常及地面高程校正。

地滚波：沿着或接近地表传播的面波。通常有低速、低频率和较大振幅的特征。利用爆炸点以及检波器的组合、滤波和叠加来压制地滚波。瑞利波是它的主要来源，地滚波有时又称为假瑞利波。

地球物理学：利用定量的物理学方法（特别是利用地震反射和折射、重力、磁法、电法、电磁法和放射性方法）对地球进行的研究或者在地面进行物理测量研究地球的学科。

地震反演：也称地震转换，就是从地震道的波形推算地下地层的波阻抗。

地震构造图：地震反射标准层的等深线（或等高线）平面图，它反映了某个地质时期的反射界面在目前的构造形态。

地震勘探：通过人工方法激发地震波，研究地震波在地层中传播的情况，以查明地下构造来寻找油气田或其他勘探目的的一种物探方法。

地震空白区：观测不到反射波振幅及到达时间的地区。这种情况往往说明下面有低速层存在，被上面高速层面屏蔽。

地震速度：是指地震波在岩石中的传播速度，简称地震速度，有时又叫岩石速度。

地震相：一组反射波的特征，包括反射波的振幅、丰度、连续性及其结构。

地震学：研究地震波的一个学科，是地球物理学的一个分支，是对关于天然地震以及用于油、气、矿物及工程消息的地震勘探的研究。

地震属性：根据地震记录测量或计算出来的一些参数，如振幅、速度、时间、AVO、波阻抗、频率等，也称地震参数、地震特征或地震消息。它可以表述为：叠前或叠后地震数据经过数字变换而导出的有关地震波运动学、动力学和统计特征的特征参数，是表征和研究地震数据内部所包含的时间、振幅、频率、相位以及衰减特征的指标。

动平衡：也叫道内平衡，是指对一个地震记录道建立振幅平衡。

动校正：也叫正常时差校正。其用以消除由于接受点与激发点不在同一位置而造成的地震波到达接收点时，旅行时间与法线反射时间之间的差值。

多波地震勘探：是综合利用纵波、横波、转换波等多种地震波对含油气盆地进行勘探的一种有效的勘探方法。海上多次地震技术又称四分量地震技术（三个分量是速度检波器，另一个分量是压力检波器）。

多波多分量地震勘探：就是用三分量定向（P，SV，SH）震源激发，用三分量定向（X，Y，Z）检波器接收，得到三组三分量地震记录，总共九分量地震记录，所以又称全波地震勘探。

多波方位 AVO：就是利用 P—P 波、P—S 波和 S—S 波振幅随炮检距变化来预测裂缝和识别岩性的一种方法。

多次反射：超过一次以上反射的地震波。全程多次与短程多次的区别在于：全程多次波明显，往往与一次波有倍数关系，而短程多次波是尾随一次波到达，给一次波加上个尾巴。

多次覆盖：对同一段地下界面进行多次重复追踪，比如对同一界面追踪了两次，称为二次覆盖。

多道处理：不同道的数据以某种方式组合起来（如叠加、互相关等）以确定处理参数的处理方法。

多道滤波：几个道按照设计好的不同特性进行滤波，再把它们叠加起来作为一道输出。

各向同性：在任何方向测得的物性均相同。

各向同性介质：在沉积岩地层中常把薄层、薄互层以及含有水平裂隙的地层称为横向各向同性介质。

各向异性：物质的物理性质在各个方向上有不同的特性。通常指沿地层界面或垂直地层界面的速度变化。

观测系统：地震勘探中激发点与接收点的相互位置关系。

观测系统图：激发点与接收点的相对位置图。

合成地震记录：也叫正演模型试验，也称为理论地震记录，是由人工制作的反射地震记录。制作时需要假定某种波形通过某种模型而进行传播。它是依据速度测井资料得出的反射系数曲线函数，同一个地震子波求褶积而构制得到的。

全程多次波：在某一深层界面发生反射的波在地面又发生反射，向下在同一界面发生反射，来回多次，称为全程多次波。

全反射：入射角超过临界角时所产生的反射叫全反射。当入射角等于或大于临界角，能量不是反射就是产生转换。

同态反滤波：也叫对数分解法。对地震记录频率取对数，把地震子波和反射系数分离开来，同时求取地震子波并确定反射系数，达到反滤波的目的。

同相轴：就是波至（地震道上有规律地出现的一组形状相似的振动曲线），它表明新的地震能量的到达。

异常波：相干波不是反射波。地震勘探中常指折射波、反射折射波、绕射波、面波和多次反射波。

优势频带：指信噪比大于1的频带宽度。谱值超过一定门槛值 T 的频带宽度，对归一化振幅谱而言 $T=0.707$ 或 $T=0.5$。

自动增益控制：用其输出振幅来自动控制地震放大器增益的一个系统。

自适应水平叠加：是质量好的道、差的道、很差的道在叠加时参与的成分多、成分少以及不参加的一种方法。

自相关：一个波形同自身的相关。

七画

采样定理：或称基数定理、尼奎斯定理。频带有限函数可以用对它等间隔取样的一组离散值近似表示，取样数对最高频率每个周期不能少于2个。

采样间隔：即相邻两次读振幅值间的时间或空间间隔，也叫做采样周期。

采样率：采样间隔的倒数。

层速度：在某一深度间隔上求出的地下界面的速度，或者说地震波在层状水平介质中某一层中的速度。

层序界面：不整合或与之相对应的整合面。

层状介质：地层剖面成层状结构，每一层速度是均匀的，但各层速度不相同的介质称为层状介质。

初至：一个波的开始。地震记录上最早记录到的来自已知源的波所引起的信号。

串音：一道从其他道无意地拾取信息或噪声而造成的干扰。

低速层校正：对地震反射时间的校正。低速层校正是静校正的主要分量。

低速带：在地表附近一定深度范围内，地震波传播速度比下面的地层地震波速低得多，这个深度范围的地层叫低速带。也称风化带或风化层。低速带的厚度是变化的，它受岩性、密度、速度、衰减的影响，尤其是受潜水面的影响。

均方根：求出一系列测量数据平方的平均值，然后对该平均值进行开平方，此时得到的数值便称为该系列数据的均方根。零延迟未归一化的自相关值就是均方根。

均方根速度：把层状介质反射波时距曲线近似地当做均匀介质的双曲线型时距曲线求出

的速度。在地层水平时，叠加速度就是均方根速度。地层倾斜时经过倾角校正（乘以倾角余弦）后就是均方根速度。

均衡：也叫均化。道平衡是调节不同道的增益使其平均振幅在某个分析时窗内是相等的。互均衡是将各道频谱相互匹配或与预定的一条曲线匹配。

均匀介质：反射界面以上的介质是均匀的，地震波传播速度是常数的介质称为均匀介质。

扰动：一种暂时性的，对地球物理场有相当大影响的干扰。比如磁暴就属于这一类的扰动。

声波：空气中传播的波。速度为340m/s左右，较稳定。

时变滤波：使频率的通放带随记录的时间而改变。时变反褶积有时用来补偿在较大的记录时间上反射波能量向低频方向的移动。随时间变化设计不同滤波因子的滤波叫时变滤波。

时差：地震波到达不同检波点的时间差。震检距离不同产生的时差叫正常时差。反射层倾角不同引起的时差叫倾角时差。由高程和风化层的变化产生的时差叫静态时差。

时间厚度：指一个地层顶底反射时间之差。

时间偏移：一种偏移方法。通过偏移，使实际资料更接近于波动方程或者使水平方向（或垂直方向）的速度更加接近实际，但它不是真正的深度偏移。

时间频率：单位时间内的周期数。空间频率是指单位距离上的周期数。

时间切片：或称为等时切片，也称为水平切片剖面。它是通过三维数据体所得到的水平切片或剖面。

时间域：把一个变量表示成时间的函数。表示成频率的函数就是频率域。

时距曲线：波至时间与炮检距的关系图。或者讲波至时间随炮检距的变化曲线。

时频分析法：把时间域信息和频率域信息联系起来进行分析的方法称为时频分析法（地震信号的频谱特征随时间的变化规律或随横向沿层的变化规律，它是研究地层结构和岩性变化的重要信息）。

时深转换：是指将时间剖面转换成深度剖面。

时延地震：利用不同时间上地震响应的变化来监测油气藏变化的一种地震方法。四维地震就是时延三维地震。

吸收：地震波在传播过程中，将能量以热扩散形式传递给周围介质的现象。地震波的吸收一般为0.25dB/cycle（周期）。

运动学：研究专有的物质和力的运动，地震上就是时间和速度的作用。

折射波：入射波以临界角入射到一个高速层的顶面，便沿这个界面传播（滑行），并以同样的角度折射到地面。

折射波法地震勘探：利用首波来查明地质构造的勘探方法。首波能量在临界角附近进入高速介质之后就在该高速介质中沿着近于与该介质界面（折射难免）相平行的路程传播。勘探中，确定首波的到达时间并据此绘出折射面的埋藏深度。

折射静校正：根据偏移道的初至时间对表层变化所做的旅行时校正。有时用专门采集的浅层折射资料来做，但通常所用的都是CMP资料。

纵波：质点的振动方向与波的传播方向一致。

纵测线：激发点与接受点在同一条直线上的测线。

纵剖面：三维地震勘探中，在与接收线（或线束）相平行的方向上切出的测线或剖面。

走向：和倾向成直角的水平方向。也可以认为是一个面与水平面的交线方向。

八画

变密度：地震记录的一种显示方法，其感光密度和信号的振幅成正比。

变面积：地震记录的一种显示方式，涂黑面积的宽度大致与信号的强度成正比。

表层校正：对地震反射时间作校正，以消除由于高程、表层速度等因素变化造成的影响。

波长：波在一个周期内传播的距离。

波动：振动在介质中的传播。它是一种不断变化、不断推移的运动过程。

波动地震学：地震波动力学是从介质运动的基本方程—波动方程出发来研究地震波的特点，这种研究地震波的方法及内容称为波动地震学。

波谷：二相邻波峰间波形的最低部分。

波剖面：描述质点位移与空间关系的图形叫波剖面。在地震勘探中，通常把沿着测线画出的波形曲线叫做波剖面。

波前：地震波从爆炸点开始向地下均匀介质中传播时，在某一时刻空间中把所有刚刚开始振动的点连成曲面，则称该曲面为该时刻的波前。

波散：由于速度随频率变化引起的波形畸变。在波传播过程中，波峰和波谷可能向着波的起始处运动。在大多数情况下地震体波的波散是很小的，而面波在近地表速度层中可以表现出明显的波散。

波数：符号为 K。波数就是在垂直于波前的方向上每单位距离内波的数目，它是波长的倒数。有时说波数为零，就是指所有的波前都同时到达检波器排列。

波数滤波：在空间采样及混波中对某些波数进行滤波。

波尾：在某一时刻，把空间中所有刚刚停止振动的点构成的曲面叫做波尾。

波至：一个波列的开始。

波阻抗：地震波速度乘以密度。反射系数取决于波阻抗的变化。

抽道集：按某一规律从野外测线的全部地震道中分选出一些道的集合，选取道集的过程叫抽道集。

单程时间：经过校正的反射波到达时间的一半，即 $t_0/2$。

底波：与海底界面有关的面波。浅海域，淤泥较厚时，常观测到这种波。

迭代：利用逐次逼近法的处理方法。每一次逼近都以前面的为基础，并使之收敛于所要求的解。

叠加偏移：就是先进行水平叠加，然后再作偏移处理，也叫叠加后偏移。

叠加速度：就是使共反射点叠加取得最佳叠加效果的速度。它是根据正常时差测定和常速模型所计算出来的速度，一般由速度谱求得，用来作共中心点叠加。当偏移距趋近于零时，叠加速度趋近于正常时差速度。

叠前深度偏移：对多个非零炮检距同时实现波场外推的一种处理方法，它不要求欲偏移的剖面为自激自收的零炮检距剖面，但能实现真正的共反射点偏移归位。

非纵排列：反射法的一种布置方法，炮点与检波线不在一条线上，离排列有较大距离，也叫非纵排列。

构造：一个地区岩体总的格局、形态、排列或相对位置，这是由诸如断裂、褶皱、熔岩入侵等诸多因素决定的。

归一化：或称规则化、标准化，即按照某一标准形成的数据比。归一化的值通常是无因次的，进行归一化常常由比例关系来完成，以使其值等于 1，某值可以是均方根、最大值等。

规则干扰波：具有一定的频率和视速度的干扰波。

空变滤波：随空间变化的滤波因子进行的滤波叫空变滤波。因为地震反射波随着地层结构而变化，所以在空间上各道的地震反射波频谱成分是变化的。

空间假频：由空间采样造成的假频。空间取样间隔必须小于视波长的一半，即在一个波长内空间采样个数不得少于两个。道间时差要小于波的周期的一半。

拉夫波：一种地震面波。它是与具有刚性的表层有关的一种地震槽波，其特征是水平运动垂直于传播方向而无垂直运动。它也叫 Q 波、奎威林波、Lq 波、G 波或 SH 波。拉夫波的传播方式取决于地层内波节面的多少。

拉伸：指子波的伸缩变化。正常时差校正所引起的子波波形变化。

盲区：指从爆炸点到折射波开始在观测面上出现的那一个地段。也可以认为是不能观测到折射波的那个区带。

鸣震：交混回响即鸣震。水层中的短程多次波所产生的振鸣或混响。夹着水层的海水面和海底的这两个界面之间形成多次反射。鸣震产生的波有稳定的似正弦形的波形，延续时间较长。

视速度：沿检波器排列所见的波列上被记录的速度。时距曲线斜率的倒数。视速度通常沿排列的方向进行测定。

直达波：由震源直接传播过来到达接受点的波。

周期：质点完成一次振动所需要的时间，就是波峰传播一段对于波长的距离或两个相邻波峰通过一固定点所需的时间，它是频率的倒数。

转换波：当波倾斜入射到一个界面上产生反射或折射时就互相转换，由一部分纵波产生横波，一部分横波产生纵波。它是一种传播方向与振动方向均不同的波形。

组合：一组检波器按照设计的相互位置，连接到一接收道同时接收，或同时引爆的一组爆炸点。也可定义为一组检波器或爆炸点的安排法。

组合爆炸：同时在两个以上的井中激发，其作用类似检波器组合的效果。

组合检波：每个地震道上用多于一个检波器来接收，其图形有面积的、线型的等，用以压制具有某种视波长的同相轴。

组内距：组合检波器组内相邻检波器之间的距离。

九画

背景：平均干扰水平。系统的或者随机的，需要的信号叠加其中，常指总的噪声，并不取决于是否有信号存在。

标准层：在一个较大的地区内能产生具有明显特征反射波的一个岩层或一组岩层。

标准层速度：沿标准层传播的折射波（首波）的速度。

垂直叠加：将在同一位置激发所得到的一组地震记录，不经动、静校正就进行组合叠加。

垂直入射：也叫法向入射。射线呈直角入射到界面上，在各相同性介质中等价于波前垂射到界面，即波前与界面的夹角等于零。

降速带：在低速带与高速层之间，有一层速度偏低的过渡区叫降速带。

界面：两种不同介质的公共接触面。

亮点：是指在地震反射剖面上由于地下油气藏存在所引起的地震反射波振幅相对增强的“点”。

临界角：使折射线正好沿两介质的接触面传播时的入射角。

临界距离：反射时间等于折射时间的炮检距。

临界倾角：与区域倾角相反的倾角。

脉冲：一种波形。其持续时间比有意义的时间范围要短，且其初值和终值相同（通常是零），像波一样传播，但没有波列周期特征的一种地震扰动。

脉冲反褶积：期望子波为一尖脉冲或脉冲时的反褶积，也称白噪反褶积。

脉冲滤波：当某一个数据的数值超过周围数据的平均值即为噪声的情况时，从数据中将噪声去掉的一种滤波。

面波：沿着表面或在表面附近传播的波动。通常指地滚波、瑞利波、拉夫波、水力波等。同时也叫界面波或长波。

炮检距：激发点到任一检波点的距离。

拾取：在地震记录上选择一个有效波，例如拾取反射波同相轴。

首波：产生折射初至的波。它是一种以临界角入射产生的折射波。

相干加强：是指用增强反射波的同相性来提高信噪比、改善叠加剖面质量的一种修饰性处理方法。

相干滤波：加强相干同相轴的滤波。

相干性：两个波列的相位相同的性质，也叫同相性。

相干噪声：相邻道之间有着系统相位联系的噪声波系。

相关：两道之间的线性相关程度，两道相似性的度量。

相关叠加：是指将反射波的地震信号与震源扫描信号在现场进行实时相关运算，将各次震动接收的反射信号进行实时叠加运算的过程。

相关度：两个时间函数或函数的一部分之间相似性的量度。

相关系数：一个函数同另一个函数相似程度的一种度量。

相速度：相位的视速度。

相位：带有周期性运动的一个循环。从一道到另一道或从一张记录到另一张记录追踪地震同相轴时，一般是把注意力集中在波的某一特定波峰或波谷（相位）上。习惯把一个波的振幅极值称为相位。

相位对比：就是在时间剖面上，识别和追踪同一层反射波的相同相位。

相位谱：相位随频率而变的关系曲线，它是描述分振动的相位与频率的关系。相位谱和振幅谱统称为频谱。

相位畸变：由于相位时移与频率不成正比而产生的波形变化。

相位响应：说明系统或波列相位特性的相移—频率关系的曲线。具有相同振幅频率响应的滤波器但相位特性不同，并对通过这些滤波器的脉冲的形态起到不同的影响。相位谱也就是相位响应。

信号反褶积：以所记录到的子波为根据进行的一种确定性反褶积。

信噪比：即能量（有时用振幅）除以同一时刻的全部剩余能量（噪声），有时采用总能量作为分母，或者认为是信号与噪声的振幅比或能量比。

选排：将所有地震道，根据其采集坐标按照某一公共的准则将其并排显示出来。共中心点道集是将相同中心点的各道放在一起显示，一般都在动校正和剩余静校正之后显示。共偏移距选排是显示偏移距相同的若干相邻反射点的资料。

真倾角：三维倾角。它与在某些方向上的倾角分量不同。

真振幅恢复：消除野外记录过程中增益变化的影响、球面发散的影响和其他与时间有关的能量衰减的影响。

十画

倍频程：频率之比为 2（或 1/2）的两频率之间的间隔。滤波器的衰减频率常以每倍频程的分贝数表示。

峰值：或称波峰。地震子波的最大上升（正向）幅度。它和波谷相反。

浮动基准面：在地形起伏很大的地区，应用一个高度可以变化的基准面，以尽量减小对地下构造形态的畸变。如果采用一个恒定高度的基准面，则地形的强烈起伏就会引起畸变。地震勘探需要静校正时，工区地表高差大于 100m，无法采用水平基准面建立与地表起伏有关的基准面。

高保真度：是指采集系统接收并记录的地震信号真实地描述质点振动特征的程度。二者越接近，保真度越高。如满足了宽频带、低畸变、大动态、高阻尼的几个特征，就达到了高保真要求。

高速层：一个岩层，波在其中的传播速度大于上面一层的传播速度，它能形成折射波。

高压线干扰：靠近高压电传输线使电缆或仪器感应的电压，其频率为标准输电频率或其谐频。当电缆或检波器绝缘不良时易发生。

监视记录：作检查用的记录。在野外地震激发时，同时或激发后绘出的纸带记录。

宽线剖面：它是一种简化的三维地震勘探方法，由若干条等线距的平行测线组成。

旁瓣：也叫付瓣，非主要通带。在组合的方向特性图及速度滤波的道间混波中多有应用。

射线：从一点传播到另一点的路程。它与波前垂直。

射线路径：地震波所走的路程，即一条（在各向同性介质中）垂直于波前的线。在射线追踪法中，射线路程对于确定波的到达时间非常有用。

射线平均速度：地震波沿射线传播的总路程与总时间之比。

射线速度：也称群速度，是在能量传送方向上的速度。在各向异性介质中，射线速度通常与相速度的方向不同。

射线追踪：对于一个速度分布已知的模型，根据奎奈尔定律对到达各个检波点的射线进行追踪以确定波到达各个检波点的时间。通俗地讲就是给出一个地下构造的速度模型、炮点和检波点的位置，寻找由炮点出发经模型界面反射到达检波点的路径。

衰减：传输过程中信号振幅的减小。比如地震信号的强度随距离的加大而发生的减小。

速度建模技术：就是地质约束加地球物理方法，它帮助解释全过程。速度建模采用层剥离技术。

速度滤波：也称扇形滤波。根据有效波和干扰波视速度的差别进行滤波。

速度扫描：采用各种不同的叠加速度进行扫描，看看采用哪一种叠加速度能得到最好的效果。

速度子波：描述岩石质点运动速度而不是描述位移情况的子波。

透过系数：透过波的振幅与入射波的振幅之比。

透射波：地震波在传播过程中，遇到两种介质分界面时，一部分能量透过分界面，在第二个介质中传播形成透射波，又叫透过波。

弯曲测线：是指各个激发点和接收点的连线在空间分布上非共线性的测线。

预测反褶积：用地震记录道前面部分的资料对该道校后部分做预测和反褶积。可预测某些类型的系统干扰，例如混响和多次波。预测值和实际值之差称为预测误差。预测反褶积也可用于多道处理，从相邻道预测某一道的方法。

预处理：对原始地震资料进行最初的处理，以便把野外磁带的数据变成适合计算机后续处理的记录格式。

真振幅恢复：恢复一个地震道在任意瞬间振幅的技术。

振幅恢复：从地面检波器记录到的振幅中消除波前扩张和吸收因素的影响，使其恢复到仅与地下反射界面的反射系数大小相关的真振幅值。

振幅控制：为了监视处理效果和显示成果，把深、浅层差别较大的振幅控制在某一范围内，即将强振幅减弱，弱振幅相对放大。

振幅谱：也叫频谱。振幅随频率而变的关系曲线，它是描述分振动的振幅与频率的关系。

十一画

混波：把不同道的能量按一定方式混合，用以压制干扰，混波也叫合成或组合。一般远离震源的几道不作混波。

混合模型：含有物理模型和数学模型的模型称为混合模型。

基准面：根据工区地形起伏情况用于计算静校正量和剖面叠加的高程参考面。(1) 一个任选的参考水平面，相对于它来进行测量值的校正。(2) 校正面，进行局部地形或风化层厚度校正后，地震反射的时间或深度从该表面算起。(3) 高程测量的参考水平面，常常指海平面。

假频：是指在采样过程中产生的频率混淆。某一频率的连续信号在离散取样时，由于取样频率小于信号频率的两倍，于是在连续信号的每一个周期内取样不足两个，取样后变成另一种频率的新信号，这就是假频。

偏移：重新排列地震信息的一种逆运算，以便反射和绕射都被绘到真实位置上。

偏移叠加：就是先进行偏移，然后再作叠加，也叫叠加前偏移。

偏移归位：就是把水平叠加剖面中的反射层自动偏移到它们的空间真实位置上去。分为偏移叠加和叠加偏移。

倾角：一个平面和水平面所夹的角。一个反射层或折射层和水平面之间的夹角。

倾角时差：由倾角所引起的到达时间之差。正常时差则是指由于炮检距的不同而造成的时间差。

球面发散：指点震源向外传播时，形成一个球面波前，由于几何扩展的原因，波的强度随着距离的增加而衰减，这种现象称为球面发散。

剩余静校正：基准面校正后，由于低速带速度和厚度的横向变化，校正后相对基准面有一定的误差，该误差叫剩余静校正量。对剩余静校正量的校正叫剩余静校正。

谐频：频率为基频的简单倍数。例如三次谐频等于基频的三倍，也叫谐波。

虚反射：地震波从爆炸点向上传播，然后又在风化层底面或地面向下反射的能量。虚反射的能量常常加入向下传播的波列之中，改变该波列的波形并增加一个波尾。有时虚反射足以和主要波列明显分开而形成一个单独的波，但是它是假的反射。虚反射又叫次反射，也叫伴随波。

十二画

弹性波：在弹性介质中传播的波。地震勘探中，人工激发引起岩石的弹性振动，形成弹性波——地震波。纵波和横波都属于弹性波。

道间距：埋置在排列上的各道检波器之间的距离，或者认为是相邻检波器组中心之间的距离。

道间均衡：在不同的地震记录道间建立的振幅平衡。

道平衡：也称道均衡或者道均化。调节某一个地震道使其与相邻记录道的振幅趋于一致，即使它们在某一指定间隔内具有相同的均方根值。

短波长分量：当剩余静校正量的变化波长小于排列长度时，称为短波长分量。

散射：由于能量在不均匀的介质中传播而产生的不规则的散射或漫射。

散射波场：从全波场中减掉一次波场后所剩下的部分。

遗传算法：是一种优化技术。它是基于生物遗传理论及达尔文的适者生存的思想，其用粗略地模仿生物系统进化过程的方法找到答案。

滞后：地震波到达时间的延迟，它和超前相反。

最大相位子波：子波集内具有最大相位延迟谱，子波能量主要分布在后部。

最小平方反滤波：在已知输入地震子波情况下，设计一个滤波器，经滤波后，使地震子波变成窄脉冲，使干扰得到最大限度压制，即使滤波器的实际输出与希望输出的误差平方和为最小。

最小熵反滤波：一种线性滤波，它能最大限度地使滤波尖脉冲化。目的是压缩地震信号的长度，以提高地震记录的分辨能力。

最小相位滤波器：指具有相同振幅特性的一组可能的滤波器中，使能量延迟时间最短的那一个，也叫最短延迟滤波器。对地震信号进行的滤波作用和在数字处理中进行的滤波也是最小相位的。

最小相位子波：在具有相同振幅谱的子波集内，其中相位延迟是最小的，子波的能量集中在前部。

十三画

雷克子波：这是一种零相位子波，是误差函数的二阶导数。它是用美国地球物理学家的名字命名的。

零频率：在频率域中外推到零频率的一种交流电现象。在零频率处的振幅是直流漂移。

零相位滤波器：是一个混合相位滤波器。这样的滤波器不会引起相位畸变。它的相位—频率曲线在通频带范围内是直线，其截距是 2π 的倍数，因此所有频率成分的相对时序将不考虑，只是一切特征都有时间延迟。

滤波：对一信号的某些成分进行衰减，可用模拟或数字方法来完成滤波。

频带：信号的频率范围，如一些频率通过（通带）或受阻（阻带）于一滤波器。测量是在峰值下降 3dB（或 70%）的两个点间来进行的。

频率：单位时间内质点振动的次数或者周期数，符号为 f。或者认为是沿着时间轴向前或向后运动时，一个波形在一秒内重复出现的次数（f 可以是正的或负的）。它是周期的倒数。

频率响应：作为频率函数的一种系统特性。

频谱：有时把它叫做振幅谱。一个复杂的地震信号，可以看成是由许多简谐分量叠加而成，那些频谱分量及其各自的振幅、频率和初相就叫做那个复杂振动的频谱。

频率域：作为频率函数的测量结果，或依赖于频率的运算。也可以认为是以频率为独立变量的一种表示法；变量傅里叶变元为时间。

频谱分析：就是利用傅里叶方法来对振动信号进行分解并对它进行研究和处理的一种过程。

畸变：不希望的波形变化，与由调制产生的预期波形变化相反。振幅畸变是由非预期的振幅—频率特性造成的。相位畸变是由于在通频带内相移和频率之间不成正比关系造成的。谐波畸变是非线性畸变，是由输入频率谐波产生的。

群速度：波列传播中能量具有的速度。在频散介质中，其速度是随频率变化的，波列在向前传播中其波形要发生变化，因而除了波列的包络以外，各波峰是以不同的速度（相速度）传播的。包络的速度为群速度。也可以讲波能量包中心的速度。

微屈多次反射：一种多次波。它是在不同的界面间产生的连续反射因而其传播路径是不对称的。在薄层中的多次波称为短程多次波，短程多次波列中各反射波互相重叠叠加，这就是其波形变化的机制。

微震：由自然引起的微弱地面震动。比如风、水波等。

十四画

滚动勘探：对复式油气聚集带，在预探至全面开发阶段之间，采取在整体控制基础上探明一块开发一块，区块交叉；地震、探井、开发、建设交叉进行的边勘探边开发的工作方法。

精度：一个值和其真值相比的总误差。

静校正：为消除高度的变化以及风化层的厚度和速度的变化而对原始地震数据进行的校正。

模型：从简化的效应与观测值进行比较的概念。模型有概念的、物理的或数学的模型。

模型理论：或说模拟理论。物理模型其有意义的物理性质必须与实际的具有一定的比例。有三个独立的比例可选取，形状近似，即长度比例；动力学近似，即质量的比例；运动学近似，即时间的比例。

谱：组成地震波各简谐分量的振幅和相位与频率之间的关系曲线。

数学模拟：为模仿或揭示研究对象的形成和发展演化过程及其特征规律而设计的数学模型的试验方法。

数学模型：根据对研究对象所观察到的现象及其实践经验，归结成一套反映数量关系、并可用来描述对象运动规律的数学公式和具体算法。也指根据数学理论设计成具体的形象，用金属、木材、塑料等材料制成的模型。

数字滤波：在地震勘探资料数字处理中，利用频谱特征的不同来压制干扰波的方法。它是将代表输入信号的一序列数字通过一定的数学运算，转换成代表输出信号的一序列数字的过程。

算子：或称因子、算符，它包含在指定运算中的专门含义，滤波算子就是与滤波有关系的专门滤波器的表达式。它是一种符号，指示要履行的操作及其目的，是指令的一部分。

算子长度：或称因子长度，褶积因子的脉冲响应在时间域的长度。常用一定的点数来表示。例如采样率 2ms 时 56 个点的因子（其长度是 55 个间隔），其长度就是（56 - 1）×2ms=110ms。

随机的：无规则的，完全偶然地决定的值。

十五画

横波：质点的振动方向和波传播的方向垂直。

横波检波器：专门用来接受地面质点运动水平分量的机电耦合装置。

横剖面：也叫横测线。三维地震勘探中，在与接受线（或线束）相垂直的剖面上切出的测线或剖面。

耦合：系统之间的相互作用。检波器与大地组成耦合系统，要充分考虑埋置质量。

增益恢复：就是将被数字仪放大器放大后记录磁带上的振幅值恢复到地面检波器接受到的振幅值。

褶积：两个函数之间的一种数学运算。用 * 表示。

整形反褶积：规定出所期望的子波波形的维纳反褶积，所规定的波形通常为零相位。

十六画

薄层：当层的厚度小于 1/4 主波长时，就把这个层看成是薄层。

操作系统：使计算机有效工作的程序系统，它是计算机与用户之间的接口。

噪声：不是来自指定信号源的信息，不是有效反射的地震能量，像微震、激发干扰、多次反射、磁带调制噪声、谐波畸变等等。

十八画

瞬时速度：指在任意给定的时刻在波的传播方向上波前的速度。

瞬态：延续时间很短的电压、电流或地震脉冲。

A3 常用公式总结

1. 波速

$$v = \lambda f = \frac{\lambda}{T}$$

式中 v——波速，m/s；

λ——波长，m；

f——频率，Hz；

T——周期，s。

2. 视速度与真速度的关系

$$v_a = \frac{v}{\sin\varphi}$$

式中 v_a——视速度，m/s；

v——真速度，m/s；

φ——入射角（射线与界面法线的夹角）。

3. 波阻抗

$$Z = \rho v$$

式中 Z——波阻抗，$10^4 g/(s \cdot cm^2)$；

ρ——密度，g/cm^3；

v——波速，m/s。

4. 反射系数（垂直入射时）

$$R = \frac{\rho_2 v_2 - \rho_1 v_1}{\rho_2 v_2 + \rho_1 v_1}$$

式中 R——反射系数，(无因次量)；

$\rho_1 v_1$——介质Ⅰ的波阻抗，$10^4 g/(s \cdot cm^2)$；

$\rho_2 v_2$——介质Ⅱ的波阻抗，$10^4 g/(s \cdot cm^2)$。

5. 共炮点反射波时距曲线方程

$$t = \frac{1}{v}\sqrt{x^2 + 4h^2 \pm 4xh\sin\varphi}$$

式中 φ——界面倾角，(°)；

h——界面的法线深度，m；

v——波速，m/s；

x——炮检距，m；

t——传播时间，s。

注：界面的上倾方向与 x 轴的正方向一致时公式中的"±"用"+"号，界面的上倾方向与 x 轴的正方向相反时公式中的"±"用"−"号。

6. 共反射点时距曲线正常时差（计算动校正量的精确公式）

$$\Delta t = \sqrt{t_0^2 + \frac{x^2}{v^2}} - t_0$$

近似公式

$$\Delta t \approx \frac{x^2}{2v^2 t_0}$$

式中 Δt——时差，s；

t_0——炮检距为 x 的垂直反射时间，s；

x——共反射点叠加道的炮检距，m；

v——对应 t_0 的地震速度或者动校正速度，m/s。

7. 组合井距经验公式

$$d = 2r = 3q^{\frac{1}{3}}$$

式中 d——组合井距，m；

r——起爆时形成的塑性带半径，m；

q——药量（单井），kg。

注：该公式只适用于所有组合井的药量相等的情况下，当各井药量不同时，要分别计算出塑性带半径 r 后再计算组合井距 d。

8. 低速带测定公式

$$h_0 = \frac{v_0 t_1}{2\sqrt{1 - \left(\frac{v_0}{v_1}\right)^2}}$$

$$h_1 = \frac{v_1 t_2}{2\sqrt{1-\left(\frac{v_1}{v_2}\right)^2}} - \frac{v_1 t_0}{v_0} \cdot \frac{\sqrt{1-\left(\frac{v_0}{v_1}\right)^2}}{\sqrt{1-\left(\frac{v_1}{v_2}\right)^2}}$$

式中 v_0——直达波时距曲线算出的低速带波速，m/s；

v_1——折射波Ⅰ的时距曲线算出的低降速带波速，m/s；

v_2——折射波Ⅱ的时距曲线算出的基岩波速，m/s；

t_0——直达波在低速带的自激自收时间，s；

t_1——折射波Ⅰ的交叉时，s；

t_2——折射波Ⅱ的交叉时，s；

h_0——低速带厚度，m；

h_1——降速带厚度，m。

9. 由叠加速度求均方根速度

$$v_R = v_a \cos\varphi$$

式中 v_R——均方根速度，m/s；

v_a——叠加速度，m/s；

φ——界面倾角，(°)。

10. 垂向分辨能力计算公式

$$B = \frac{\lambda}{4} = \frac{vT_m}{4} = \frac{v}{4f_m} \quad \text{（无相干干扰时）}$$

$$B = \frac{\lambda}{2} = \frac{vT_m}{2} = \frac{v}{2f_m} \quad \text{（有相干干扰时）}$$

式中 B——地层厚度，m；

λ——反射波波长，m；

v——地层波速，m/s；

T_m——反射波周期，s；

f_m——反射波主频，Hz。

11. 最高频率计算公式

$$f_{max} = 1.43 f_m = \frac{1.43v}{4b} = \frac{1.43vh}{2l^2} = 0.358\frac{v_n}{b}$$

式中 f_{max}——最高频率，Hz；

f_m——主频，Hz；

v——波速，m/s；

b——地层厚度，m；

h——地层埋深，m；

l——菲涅尔带半径，m；

v_n——层速度，m/s。

12. 菲涅尔半径计算公式（近似公式）

$$L = \sqrt{0.5\lambda h} = \sqrt{\frac{vh}{2f_m}}$$

式中 L——菲涅尔半径，m；

λ——波长，m；

h——地层埋深，m；

v——波速，m/s；

f_m——主频，Hz。

13. 真倾角、视倾角和测线方向角之间关系式

$$\sin\theta = \sin\varphi \cdot \cos\alpha$$

式中 θ——视倾角，(°)；

φ——真倾角，(°)；

α——测线与倾向线在地面投影线间的夹角，(°)。

14. 真深度、视深度、法线深度之间的关系式

$$h = \frac{h_1}{\sqrt{1-\left(\dfrac{\sin\varphi}{\cos\alpha}\right)^2}} = \frac{h_2\cos\varphi}{\sqrt{1-\left(\dfrac{\sin\varphi}{\cos\alpha}\right)^2}}$$

式中 h——真深度，m；

h_1——法线深度，m；

h_2——视深度，m；

φ——视倾角，(°)；

α——测线与倾向线（界面）在地面投影间的夹角，(°)。

15. 利用时间剖面计算视倾角

$$\sin\varphi = \frac{v\Delta t_0}{2\Delta x}$$

式中 φ——视倾角，(°)；

v——均匀覆盖层的波速，m/s；

Δx——测线上两点之间的距离，m；

Δt_0——测线上两点接收到同一个反射波的 t_0 之差，s。

16. 利用叠偏时间剖面计算铅直深度

$$h = \frac{v_a t_0}{2}$$

式中 h——铅直深度，m；

v_a——平均速度，m/s；

t_0——叠偏剖面的时间，s。

17. 透射系数计算公式（垂直入射时）

$$t = \frac{2\rho_1 v_1}{\rho_1 v_1 + \rho_2 v_2} = 1 - r$$

式中 t——透射系数；

ρ_1——介质Ⅰ的密度，g/cm^3；

v_1——介质Ⅰ的传播速度，m/s；

ρ_2——介质Ⅱ的密度，g/cm^3；

v_2——介质Ⅱ的传播速度，m/s；

r——反射系数。

18. 临界角计算公式

条件：$v_2 > v_1$（透射角大于入射角）；透射角增加到 90°时。

$$\sin\varphi = \frac{v_1}{v_2}$$

式中 φ——临界角，(°)；

v_1——介质Ⅰ的传播速度，m/s；

v_2——介质Ⅱ的传播速度，m/s。

19. 折射波盲区计算公式

$$X_m = 2h\tan\varphi$$

式中 X_m——折射波盲区，m；

h——界面深度，m；

φ——临界角，(°)。

20. 水平界面反射波视速度计算公式

$$v^* = v\sqrt{1+\frac{4h^2}{x^2}}$$

式中 v^*——视速度，m/s；

v——界面以上地震波传播速度，m/s；

h——界面埋藏深度，m；

x——炮检距，m。

21. 动校正拉伸量

$$A = \frac{x^2}{2t_0^2 v^2} = \frac{1}{8}\left(\frac{x}{h}\right)^2$$

式中 A——动校正拉伸量,%；

x——炮检距，m；

t_0——相应 x 的地震反射波旅行时，s；

v——反射波相对 t_0 的平均速度，m/s；

h——目的层埋深，m。

22. 检波器组合数

$$n = 1 + \frac{\lambda_D}{\lambda_X}$$

式中 n——检波器个数，个；

λ_D——干扰波最大视波长，m；

λ_X——干扰波最小视波长，m。

23. 检波器组合距

$$\Delta x = \frac{\lambda_D \lambda_X}{\lambda_D + \lambda_X}$$

式中 Δx——检波器组合距，m；

λ_D——干扰波最大视波长，m；

λ_X——干扰波的最小视波长，m。

24. 动校正量计算近似公式

$$\Delta t \approx \frac{x^2}{2v^2 t_0}$$

式中 Δt——动校正量，s；

x——炮检距，m；

v——反射波速度，m/s；

t_0——对应 x 的地震波共中心点垂直反射时间，s。

25. 阻抗耦合

$$M=\frac{\rho_1 v_1}{\rho_2 v_2}$$

式中 M——阻抗耦合值（比值越接近于1，激发的地震波能量就越大）；

ρ_1——炸药的密度，g/cm^3；

v_1——炸药的起爆速度，m/s；

ρ_2——炸药周围岩石密度，g/cm^3；

v_2——围岩的速度，m/s。

26. 水中激发时药包的沉放深度经验公式

$$h=0.77\sqrt{Q}$$

式中 h——沉放深度，m；

Q——药量，kg。

27. 坑中激发时坑深与药量关系经验公式

$$H\geqslant\sqrt{Q}$$

式中 H——坑深，m；

Q——药量，kg。

28. 吸收系数与衰减系数的关系式

$$\beta=8.686\cdot\alpha\cdot\lambda$$

式中 β——衰减系数，dB/λ；

λ——波长，m；

α——吸收系数，1/m。

29. 品质因数、对数缩减量、吸收系数、衰减系数关系式

$$\frac{1}{Q}=\frac{\delta}{\pi}=\frac{\alpha\cdot\lambda}{\pi}=\frac{v\cdot\alpha}{\pi\cdot f}=\frac{\beta}{27.29}$$

式中 Q——品质因数，无因次量；

δ——对数缩减量，无因次量；

α——吸收系数，1/m；

β——衰减系数，dB/λ；

v——传播速度，m/s；

f——振动频率，Hz；

λ——波长，m。

30. 品质因数的经验公式

$$Q\approx 3.516\times 10^{-6}v^{2.2}$$

式中 Q——品质因数，无因次量；

v——纵波的层速度，m/s。

31. 衰减系数的经验公式

$$\beta \approx 7.759 \times v^{-2.2} \times 10^{6}$$

式中 β——衰减系数，dB/λ；

v——纵波的层速度，m/s。

32. 层吸收量公式

$$D = -8.686 \frac{\Delta t}{T} \cdot \delta = -\frac{\Delta t}{T} \cdot \beta$$

式中 D——层吸收量，dB；

Δt——层内单程旅行时，s；

T——视周期，Hz；

δ——对数缩减量，无因次量；

β——衰减系数，dB/λ。

33. 层吸收指数公式

$$G = \frac{D}{f} = -\Delta t \cdot \beta$$

式中 G——层吸收指数，dB/Hz；

D——层吸收量，dB；

f——某一频率，Hz；

Δt——层内单程旅行时，s；

β——衰减系数，dB/λ。

34. 道距选择公式（时间剖面上反射波不出现空间假频）

$$\Delta x \leqslant \frac{v_R}{2 f_{max} \sin\varphi}$$ （不存在相干干扰时）

$$\Delta x \leqslant \frac{v_R}{4 f_{max} \sin\varphi}$$ （存在相干干扰时）

$$\Delta x \leqslant \frac{v_n}{2 f_m \mathrm{tg}\varphi}$$ （防止偏移处理时产生偏移噪声）

$$\Delta x < \frac{1}{2}\lambda$$ （迭前二维滤波不出现空间假频）

$$\Delta x \leqslant \frac{v\sqrt{x^2 + t_0^2 v^2 \pm 2t_0 vx \sin\varphi}}{2 f_m (x \pm t_0 v \sin\varphi)}$$ （采集时满足空间采样定理）

式中 Δx——道距，m；

v_R——均方根速度，m/s；

f_{max}——最高频率，Hz；

φ——地层视倾角，(°)；

f_m——反射波主频，Hz；

λ——反射波最小视波长，m；

v——反射波速度，m/s；

x——炮检距，m；

t_0——反射波旅行时，s；

v_n——目的层上覆地层的层速度，m/s。

35. 最大炮检距选择公式

$$x_{max} \leqslant \sqrt{\frac{2t_0 \Delta\Delta t}{\frac{1}{v^2} - \frac{1}{(v-\Delta v)^2}}}$$ （为满足速度鉴别精度）

$$x_{max} \leqslant \sqrt{\frac{t_0}{f_{min}(\frac{1}{v_m^2} - \frac{1}{v_d^2})}}$$ （为压制多次波）

$$x_{max} \leqslant h = \frac{v_a t_0}{2}$$ （最大炮检距要小于或等于主要目的层的深度）

式中 x_{max}——最大炮检距，m；

t_0——相应 x_{max} 的反射时，s；

v——t_0 时刻的均方根速度，m/s；

Δv——要分辨的速度变化量或允许的速度误差（m/s），一般取 $\Delta v/v = 3\% \sim 4\%$；

$\Delta\Delta t$——分辨 Δv 所需要的最小动校正变化量，即正常时差可达到的精度，一般取 0.03～0.04s；

f_{min}——多次波的最低频率，Hz；

v_m——多次波的速度，m/s；

v_d——一次波的叠加速度，m/s；

h——目的层的深度，m；

v_a——平均速度，m/s。

36. 共反射点（面元）道集内反射点离散距

$$D = \frac{x^2}{4t_0 v}\sin\varphi$$

式中 D——离散距，m；

x——炮检距，m；

t_0——公共中心点法线反射时间，s；

v——叠加速度，m/s；

φ——地层倾角，(°)。

37. 三维采集最大非纵距计算公式

$$Y_{max} = \frac{v_n}{\sin\varphi}\sqrt{2t_0 \delta t}$$

$$\delta t = \frac{1}{8}T$$

式中 Y_{max}——最大非纵距，m；

v_n——层速度，m/s；

φ——垂直接收线方向上的视倾角，(°)；

δt——非纵观测与纵观测的共中心点 t_0 时间差，s；

T——反射波的周期，s；

t_0——目的层的自激自收时间，s。

38. 偏移孔径计算公式

$$X = H \cdot \tan\varphi$$

式中 X——偏移孔径，m；

H——目的层埋深，m；

φ——目的层倾角，(°)；

39. 三维采集反射面元尺寸计算公式

$$D_x = \frac{v_R}{4F_{max} \cdot \sin\varphi_x} \quad \text{（防止产生偏移假频 — 混迭频率时）}$$

$$D_y = \frac{v_R}{4F_{max} \cdot \sin\varphi_y}$$

$$D \leqslant \frac{v_{int}}{2F_{dom}} \quad \text{（为获得好的横向分辨率时）}$$

式中 D_x, D_y——纵、横方向反射面元尺寸，m；

v_R——均方根速度，m/s；

F_{max}——反射波最高频率，Hz；

φ_x, φ_y——纵横方向地层倾角，(°)；

D——反射面元边长，m；

v_{int}——目的层上复层的层速度，m/s；

F_{dom}——反射波的优势频率，Hz。

40. 三维地震采集覆盖次数计算公式（束线状观测系统）

$$N_x = \frac{M}{2d_x} \quad \text{（纵向的覆盖次数）}$$

$$N_y = \frac{P \cdot R}{2d_y} \quad \text{（横向的覆盖次数）}$$

$$N = N_x \cdot N_y \quad \text{（总覆盖次数）}$$

式中 N_x——纵向覆盖次数；

N_y——横向覆盖次数；

M——一条接收线的仪器道数；

d_x——纵向炮点距相当的道距数；

d_y——束线距相当的横向上的炮点距数（取最小炮点距）；

P——单束单排横向炮点数；

R——单束接受线数。

41. 覆盖次数对干扰波的压制效果

$$D = \sqrt{n} \quad \text{（对随机干扰的压制效果）}$$

$$R = \frac{1}{2t_0}\sqrt{\frac{1}{v_m^2} - \frac{1}{v^2}} \quad \text{（对规则干扰的压制效果）}$$

式中 D——信噪比提高的倍数；

n——总覆盖次数；

R——规则干扰波（多次波）与一次波叠加时所用速度造成的剩余时差系数；

t_0——垂直反射时间，s；

v_m——产生多次波那层的速度，m/s；

v——一次波的速度，m/s。

42. 宽线采集线距选择公式

$$\Delta x \geqslant \frac{\lambda}{N-1}$$ （满足对干扰波压制的选择公式）

$$\Delta x \leqslant \frac{L}{2(N-1)}$$ （满足对横向分辨率要求的选择公式）

$$\Delta x \leqslant \frac{v}{2F_m} \cdot \frac{\sqrt{x^2+t_0^2v^2 \pm 2t_0vx\sin\varphi}}{x \pm t_0v\sin\varphi}$$ （满足空间采样要求的选择公式）

式中 Δx——线距，m；

λ——干扰波视波长，m；

N——排列条数；

L——要求横向分辨的地质体的尺寸，m；

F_m——反射波主频，Hz；

v——反射波的速度（平均速度或均方根速度），m/s；

x——炮检距，m；

t_0——垂直反射时间，s；

φ——目的层的倾角，(°)。

注：上倾激发为"＋"，下倾激发为"－"。

43. 弯线采集道距选择公式

$$\Delta x \leqslant \frac{v_R}{2F_{max}\sin\alpha(\sin\varphi+\cos\varphi)}$$

式中 Δx——道距，m；

F_{max}——有效波最高频率，Hz；

α——地层真倾角，(°)；

v_R——均方根速度，m/s；

φ——测线方向与地层倾向之间夹角，(°)。

44. 弯线采集最大非纵距的限制公式

$$D = \frac{1}{\sin\varphi}\sqrt{\frac{v_d}{2F_{max}}\sqrt{v^2t_0^2+x^2\cos\varphi}}$$

式中 D——最大非纵距，m；

φ——地层的视倾角，(°)；

v_d——叠加速度，m/s；

F_{max}——有效波的最高频率，Hz；

x——炮检距，m；

t_0——垂直反射时间，s。

45. 纵波速度与横波速度的关系式

$$\frac{v_p}{v_s} = \sqrt{\frac{2(1-\sigma)}{1-2\sigma}}$$ （大多数岩石的 σ 为 0.25）

式中 v_p——纵波速度，m/s；

v_s——横波速度，m/s；

σ——泊松比，无因次量。

46. 药量与破坏半径关系式

$$R = KQ^{\frac{1}{3}}$$

$$R_k = 1.5Q^{\frac{1}{3}}$$

式中 R——破坏半径，m；

R_k——爆炸形成的球形孔穴半径，m；

Q——药量，kg；

K——比例系数，$K<0.22$ 时为排空区，$K=0.22\sim0.98$ 时为破坏区，$K=0.98\sim2.14$ 时为裂隙区，$K=2.14\sim2.7$ 时为塑性形变区。

47. 破坏半径与激发出的地震波频率之间的关系式

$$F = \frac{\sqrt{2}v}{3\pi R}$$

式中 F——地震波频率，Hz；

v——围岩的速度，m/s；

R——破坏半径，m。

48. 最小视波长计算公式

$$\lambda = \frac{v}{f_{max}} \cdot \frac{\sqrt{x^2 + v^2 t_0^2 \pm 2t_0 vx \sin\varphi}}{x \pm t_0 v \sin\varphi}$$

式中 λ——反射波最小视波长，m；

v——平均速度，m/s；

f_{max}——目的层最高频率，Hz；

x——炮检距，m；

t_0——目的层反射时间，s；

φ——目的层倾角，(°)。

注：上倾激发时为“+”，下倾激发时为“−”。

49. 视速度

$$v^* = v\frac{\sqrt{x^2 + v^2 t_0^2 \pm 2t_0 vx \sin\varphi}}{x \pm t_0 v \sin\varphi}$$

式中 v^*——视速度，m/s；

v——平均速度，m/s；

x——炮检距，m；

t_0——目的层反射时间，s；

φ——目的层倾角，(°)。

注：上倾激发时为“+”，下倾激发时为“−”。

50. 数字采样间隔与可恢复的信号频谱上限之间的关系式（即可恢复信号最高频率）

$$f_{max} = 1/(2\Delta t)$$

式中 f_{max}——可恢复的信号最高频率，Hz；

Δt——采样间隔，s。

51. 反射波脉冲宽度与药量的关系式（经验公式）

$$\Delta T \approx \sqrt[3]{Q}$$

式中 ΔT——脉冲宽度，s；

Q——药量，kg。

52. 反射波频宽与药量的关系式（经验公式）

$$\Delta F \approx \frac{1}{\sqrt[3]{Q}}$$

式中 ΔF——频宽，Hz；

Q——药量，kg。

53. 出射角计算公式

$$\vartheta = \arctan \frac{x v_0}{t_0 v^2}$$

式中 ϑ——出射角（与铅垂线的夹角），（°）；

x——炮检距，m；

v_0——风化层速度，m/s；

v——目的层以上的均方根速度，m/s；

t_0——反射波双程旅行时间，s。

54. 水下物体海流力

$$f = C_{\mathrm{d}}(\rho/2) v^2 A$$

式中 f——海流力，kg；

C_{d}——挟力系数，无因次量；

ρ——海水密度，kg/m^3；

v——设计流速，m/s；

A——配重块在与流向垂直平面上的投影面积，m^2。

55. 由均方根速度求取层速度（Dix 公式）

$$v_n = \sqrt{\frac{t_{0,n} v_{\mathrm{R},n}^2 - t_{0,n-1} v_{\mathrm{R},n-1}^2}{t_{0,n} - t_{0,n-1}}}$$

式中 v_n——第 n 层的层速度，m/s；

$t_{0,n}$——第 n 层的 t_0 时间，s；

$t_{0,n-1}$——第 $n-1$ 层的 t_0 时间，s；

$v_{\mathrm{R},n}$——第 n 层的均方根速度，m/s；

$v_{\mathrm{R},n-1}$——第 $n-1$ 层的均方根速度，m/s。

附录B　勘探地震学试题选

B1　本科生试题（一）

一、名词解释（每题4分，共20分）

（1）CDP与CMP；（2）平均速度；（3）多次覆盖；（4）地震子波；（5）地震绕射波。

二、填空题（每题2分，共20分）

（1）地震分辨率指的是能够________的能力，通常包括有________能力和________能力。

（2）地震剖面解释通常包括三大环节，它们分别是________，________，________。

（3）地震波对比解释所遵循的主要依据是________，________，________，________。

（4）在同一反射界面条件下，多次反射波比一次反射波________。

（5）浅层反射波视周期一般比深层反射波视周期________，这是因为较浅地层对地震波________频成分吸收较强烈。

（6）地震波速度与岩石的性质有关，通常当地层岩石的孔隙性增大时，地震波的速度________，当地层岩石的密度增大时，地震波的速度________。

（7）物理地震学认为，地震波是一种________，它既不是一条________；也不能简单地看成沿________路径在________中传播。

（8）地震波的传播速度与岩石的________性质有关，不同的岩石由于________性质不同，地震波的速度也不一样。

（9）多次覆盖能够压制多次波，是因多次波与同 t_0 值一次波相比________，经动校正后多次波有________，使动校正后各叠加道多次波信号________，故叠加后相对削弱了。

（10）经动校正和水平叠加，并将所有的新地震道，放在相应的________点位置，就构成了该测线的________时间剖面。

三、简答题（每题5分，共30分）

（1）简述地震反射波勘探中的主要干扰波类型、特点及压制方法（包括陆上和海上）。

（2）在哪些地质情况下，地震界面与地质界面相应一致？在哪些情况下两者并非一致？

（3）简述地震剖面的形成。

（4）试述断层在地震剖面上的识别标志。

（5）地震反射标志层的选取原则是什么？

（6）简述地震绕射波的形成。

四、计算与推导（10 分）

试用费马原理证明地震反射定律。

五、论述题（10 分）

你所知道的地震勘探应用软件主要有哪些（采集、处理、解释各列举一种以上）？你认为地震勘探应用软件的发展趋势是什么？

六、解释（绘图）题（10 分）

附图 B1－1 是某油田一条地震测线，图中标有三个反射界面分别是 T_1、T_2、T_3。根据你所学的物探和地质专业知识，对剖面中的三个反射层位进行解释（附图 B1－1 为经过偏移的时间剖面）。

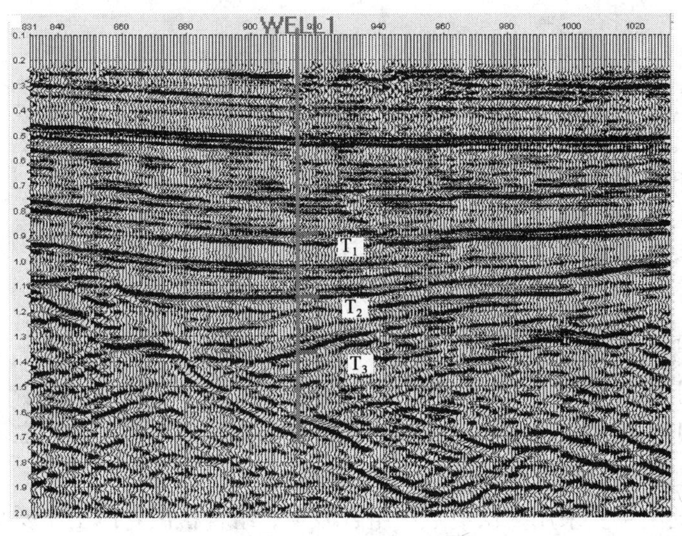

附图 B1－1　地震测线图

参 考 答 案

一、名词解释

（1）CDP 与 CMP：CDP 是共深度点（道集），CMP 是共中心点（道集）。

（2）平均速度：一组水平层状介质中某一界面以上介质的平均速度就是地震垂直穿过该界面以上各层的总厚度与总传播时间之比。

$$v_{\mathrm{av}}=\frac{\sum_{i=1}^{n}h_i}{\sum_{i=1}^{n}\frac{h_i}{v_i}}=\frac{\sum_{i=1}^{n}t_iv_i}{\sum_{i=1}^{n}t_i}$$

式中　h_i——每一小层的厚度；

v_i——每一小层的速度。

（3）多次覆盖：对地下每一个反射点都要进行多次重复观测。

（4）地震子波：爆炸产生的尖脉冲，在爆炸点附近的介质中以冲击波的形式向下传播，当传播到一定距离时波形逐渐稳定，称这时的地震波为地震子波。

（5）地震绕射波：地震波在地下岩层中传播，当遇到岩性突变点时，如断层的断棱、地层尖灭点、不整合面上的起伏点等，这些点会成为新震源，而产生一种新的球面波，这种波在地震勘探中称为绕射波。

二、填空题

（1）分辨地下物体大小的，纵向分辨，横向分辨；

（2）剖面解释，平面解释，连井解释；

（3）同相性，振幅显著增强，波形特征，时差变化规律；

（4）传播时间长；

（5）短，高；

（6）减小，增大；

（7）波动，射线，射线，介质；

（8）弹性，介质；

（9）速度较低，剩余时差，相位不一致；

（10）共中心，水平叠加。

三、简答题

（1）类型：规则干扰波和不规则干扰波（随机干扰波）。

特点：规则干扰波是有一定主频和一定视速度的干扰波，如面波、声波、浅层折射波、侧面波等；不规则干扰波是没有一定频率，也没有一定传播方向的波，在记录上形成杂乱无章的干扰背景，如散射、风吹草动等。

压制方法：陆上主要采用多次覆盖和组合激发、组合检波，海上主要采用多次覆盖和组合激发。

（2）有些古老的地层，在长期构造运动和地层压力作用下，相邻地层可能有相近的波阻抗，不足以形成物性界面，此处地质界面并非地震界面；反之，同一岩性的地层，其中既无层面，又无岩性界面，但由于岩层中含流体成分不同，而构成物性界面（如气—水分界面，油—水分界面，油—气分界面），故地震反射面有时并非地质界面。

（3）地震子波在向下传播过程中，遇到波阻抗界面就会发生反射和透射，反射回来的地震波在振幅上有大小，极性有正负，到达时间有先后。地下地层的厚度和纪录面貌的形成也有关系，也就是说地震纪录上的一个反射波组并不严格对应于地层柱状图上的一个地层分界面。在一组靠得很近的界面中必有一个起主要作用的界面，那么以某一个界面为主的靠得很近的界面只要这些薄层的厚度和岩性在一定地段或地区是相对稳定的，则来自该组界面的许多地震反射子波的相互关系也是相对稳定的，因此它们叠加的结果也具有相对的稳定性，这就是地震纪录形成的过程。

上述地震记录面貌形成的过程可以用一个数学公式来描述，假设地震子波为 $S(t)$，反射系数为 $R(t)$，则地震纪录 $X(t)$ 可用下式表示，即

$$X(t) = S(t)R(t)$$

(4) ①反射波同相轴错断;

②反射波同相轴数目突然增多或消失;

③反射波同相轴形状突变，反射零乱或出现空白带;

④标准反射波同相轴发生分岔、合并、扭曲、强相位转换等现象;

⑤出现异常波。

(5) ①反射特征明显，且比较稳定。

②分布范围广，能在较大范围内连续追踪。

③反射层能反映地下地质构造的主要特征，即能反映浅、中、深层的起伏情况。

④最好在含油层附近。

(6) 地震波在传播过程中如遇到一些地层的岩性突变点（如断层的断棱、地层尖灭点、不整合面的突起点等)，这些点将成为新的震源向四周发出球面波，这种波动在地震勘探中称为绕射波。

四、解：如附图 B1-2 所示。

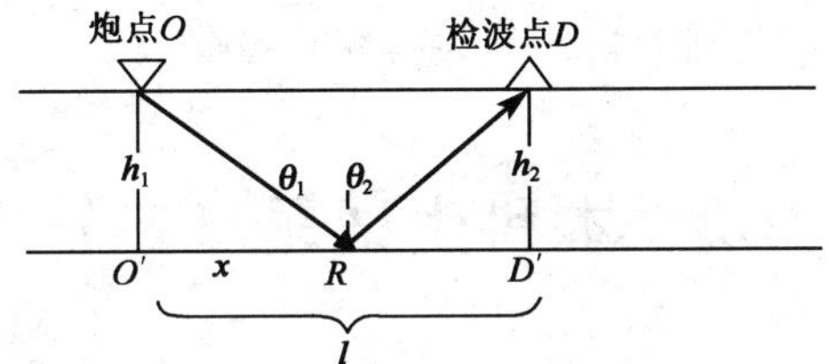

附图 B1-2　炮检距为 x 的反射波示意图

已知 $OD=1$，$OO'=h_1$，$DD'=h_2$，利用费马原理证明反射定律，即证明 $\theta_1=\theta_2$。

炮点到反射点所用时间为

$$t=\frac{1}{v}\left[\sqrt{h_1^2+x^2}+\sqrt{h_2^2+(l-x)^2}\right]$$

$$t'=\frac{1}{v}\left[\frac{x}{\sqrt{h_1^2+x^2}}-\frac{l-x}{\sqrt{h_2^2+(l-x)^2}}\right]$$

当 $t'=0$ 时，满足 t 为最小时间。此时有 $\frac{x}{\sqrt{h_1^2+x^2}}=\frac{l-x}{\sqrt{h_2^2+(l-x)^2}}$，即

$$\sin\theta_1=\sin\theta_2$$

所以　$$\theta_1=\theta_2\text{（即证）}$$

五、(要围绕要点展开论述，符合论述题的答题要求)

采集软件：绿山，克浪等;

处理软件：ProMax，Vista 等;

解释软件：Geoframe、LandMark 等;

发展趋势：PC 化、处理解释一体化等。

六、如附图 B1－3 所示。

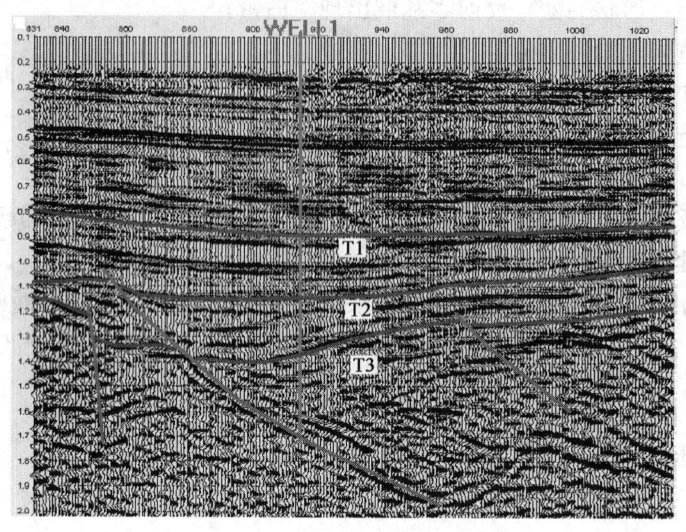

附图 B1－3　地震测线解释图

B2　本科生试题（二）

一、名词解释（每题 4 分，共 20 分）

（1）地震分辨率；（2）惠更斯原理；（3）地震子波；（4）动校正；（5）水平叠加。

二、填空题（每题 2 分，共 20 分）

（1）影响地震波振幅的因素主要有：________、________、________、________。

（2）观测系统是指：________和________。

（3）引起地震假象的原因主要有：________、________、________、________。

（4）断面对射线的畸变作用常使时间剖面上出现________和使________产状发生突变。

（5）产生反射波的条件是________。

（6）静校正包括________。

（7）平均速度是________假设情况下对介质的简化，均方根速度是________假设情况下对介质的简化。

（8）反射系数越大，反射振幅越________。

（9）一般横波速度比纵波速度________。

（10）由于波的吸收作用，地震波的视频率随着传播距离的增加而________。

三、简答题（每题 5 分，共 30 分）

（1）地震勘探的假设条件主要有哪些？为什么要假设？

（2）陆地与海洋地震勘探有何异同？

(3) 为什么要对原始地震资料做数据处理?

(4) 断点在平面图上的组合应遵循哪些原则?

(5) 二维地震资料构造解释与三维地震资料构造解释的异同点是什么?

(6) 地震资料构造解释的主要任务是什么?

四、论述题(每题 15 分,共 30 分)

(1) 你所知道的地震勘探方法在油田有哪些用途?你作为一个非地震专业人员如何在今后的工作中充分发挥地震资料的作用?

(2) 根据对一个高素质地震资料解释人员的要求,结合个人情况,谈谈自己应该具备哪些方面的素质及能力?

参考答案

一、名词解释

(1) 地震分辨率:分为垂直分辨率和水平分辨率。垂直分辨率是指在纵向上能分辨岩层的最小厚度;横向分辨率是指在横向上确定地质体(如断层点、类灭点)位置和边界的精确程度。

(2) 惠更斯原理:波在传播过程中,任一时刻的波前面上的每一点都可以看作是一个新的点震源,由它产生二次扰动,形成子波前,这些子波前的包络面,就是新的波前面。

(3)(略)。

(4) 动校正:各个接收点时间减去相应的正常时差,即各点都变成了 t_0 时间也称正常时差校正。即 $t_0=t_x-\Delta t_n$。

(5) 水平叠加:对反射界面上经多次观测的各个反射点,进行动校正,再把校正后的波动信号相加,这个过程就叫水平叠加,这样得到的剖面叫水平叠加时间剖面。

二、填空题

(1) 球面扩散(波前扩散),吸收衰减,透射损失,波的散射等;

(2) 激发点,接收点间的相互位置关系;

(3) 几何因素,速度因素,处理因素,表层变化;

(4) 减小,增大;

(5) 上下界面存在波阻抗差;

(6) 地表高程和低速带校正;

(7) 地震波沿着最短路径传播(直线传播),将水平层状介质情况下反射波时距曲线看成双曲线;

(8) 强;

(9) 小;

(10) 减小。

三、简答题

（1）假设条件：将地下介质当作完全弹性介质且为均匀介质。

原因：便于用数学公式对地震波的特征进行研究。

（2）相同点是勘探原理一样、接收仪器相同；不同点是激发方式和接收方式不同，陆上是用炸药震源和可控震源激发，用陆地检波器和线缆接收，海上是用空气枪激发，用水上检波器和拖缆接收。

（3）野外地震资料中包含着有关地下构造和岩性的信息，但这些信息叠加在干扰背景上且被一些外界因素所扭曲，信息之间往往是互相交织的，不宜直接用于地质解释。因此，需要对野外采集的地震资料进行室内处理。

（4）①先主后次；

②先简单后复杂；

③同一断层在平行的时间剖面上性质相同；

④同一断块内，地层产状的变化应有规律；

⑤断层两侧波组具有明显特征，且在平地测线方向数十公里范围内特点相似；

⑥要尽可能弄清控制断层的构造性质及其成因类型。

（5）相同点是解释的主要任务基本一致；不同点是三维解释所用的资料比二维的丰富，有时间剖面、水平切片、沿层切片等，且得出的结果比二维的更准确。

（6）①确定标准反射层及其相当的地质层位，搞清地层厚度的变化及其接触关系；

②了解构造形态及其特征；

③确定断层性质、断距及断面产状；

④了解基底的埋深即沉积厚度；

⑤划分构造带。

四、论述题

（1）（要围绕要点展开论述，符合论述题的答题要求）

要点：地震勘探方法在油田可以用于勘探阶段落实构造、预测储层和油气；开发阶段可以用于油藏描述、油气监测等。

（2）（要围绕要点展开论述，符合论述题的答题要求）

要点：现代解释人员既要懂本专业的相关知识（物探），也要懂地质、测井、钻井、录井、油藏工程等相关学科的知识，还要有扎实的英语基础、计算机应用能力和较强的沟通协调能力以及语言表达能力。

B3　研究生入学试题选

一、名词解释

（1）水平叠加技术；（2）剩余时差；（3）地震绕射波；（4）纵向分辨率；（5）地震子波；（6）地震波运动学；（7）均方根速度；（8）横向分辨率；（9）地震偏移。

二、问答题

(1) 水平叠加剖面存在的主要问题及其解决方法。

(2) 有5个检波器进行线性组合，画出组合的方向特性曲线示意图并对其方向特性曲线进行分析。

(3) 野外地震采集中主要存在哪些干扰波（包括陆上和海上）？简述其主要特点和野外、室内的压制方法。

(4) 简要说明费马原理，并用费马原理证明地震反射定律。

(5) 写出地震平面波传播中地震视波长与地震真波长的关系，地震视速度与地震真速度的关系，地震速度与波长及频率的关系。

(6) 断层在地震剖面上的识别标志主要有哪些？

(7) 写出均匀介质倾斜界面情况下共反射点时距曲线方程，简要分析该方程特点。

(8) 地震检波器的组合有何作用？列举几种组合形式。海上地震勘探采用什么组合方式？

(9) 地震纵波在岩层中传播与哪些因素有关系？写出水平层状介质情况下平均速度、均方根速度的公式？利用地震速度如何计算地层层速度？

(10) 写出均匀介质水平界面情况下共反射点时距曲线方程，简要分析该方程与相同情况下共炮点反射波时距曲线方程的异同。

(11) 简要说明费马原理和惠更斯原理的主要内容，并用费马原理证明地震透射定律。

(12) 描述叠加速度谱的基本原理及速度谱的应用。

(13) 描述VSP技术的基本原理及其在油气勘探中的应用。

参考答案

一、名词解释

(1) 水平叠加技术：野外地震数据采集采用多次覆盖，数据处理时将来自地下同一反射点地震记录通过动校正后叠加起来，作为一道地震记录，这项技术称为水平叠加技术。

(2) 剩余时差：从地震记录时间中减去正常时差，消除炮检距的影响，使地震记录时间变为自激自收时间，这一过程称为动校正；对于某种波按照一次反射波进行动校正，动校正后的时间与 t_0 之差即为剩余时差。

(3)（略）。

(4) 纵向分辨率：在地震勘探中，在纵向上分辨薄层的能力，一般为地震波波长的1/4。

(5)（略）。

(6) 地震波运动学：研究地震波的传播时间与波前的空间位置关系的学科。

(7) 均方根速度：将多层介质反射波时距曲线看作双曲线时求得的速度，均方根速度计算公式为

$$v_{\mathrm{R}}=\sqrt{\frac{\sum_{i=1}^{n} t_i v_i^2}{\sum_{i=1}^{n} t_i}}$$

（8）横向分辨率：在地震勘探中，横向上分辨地质体的能力，一般为一个菲涅尔带。

（9）地震偏移：记录点与反射点信息不一致的现象称为偏移，使记录点信息回到反射点上，这一过程称为偏移处理，习惯上称偏移处理为偏移。

二、问答题

（1）主要问题有：

①射线平面垂直于反射界面，而不是垂直于地面，导致地震记录与界面的空间位置不一致；

②复杂构造引起异常波等。

解决方法为：偏移处理技术。

（2）要点：①画图；

②有效波到达相邻检波器的时差小，方向特性曲线上，在通过带，组合后加强，面波到达相邻检波器的时差大，方向特性曲线上，在压制带，组合后受到压制。

（3）地震勘探中的噪声可分为相干噪声和随机噪声。如多次波、面波、声波、浅层折射波、船体、电缆尾标产生的噪声，水鸟抖动产生的噪声以及测线周围障碍物产生的绕射波等都是相干噪声。地面人为干扰、风、浪、涌、流产生的环境噪声则是随机噪声。野外采用组合和多次覆盖等技术，室内采用有针对性的数学方法进行压制。

（4）要点：费马原理认为，地震波在两点间传播路径所需时间最短，也称地震波传播最小时间原理。证明地震反射定律要通过计算反射波时间，求其时间的导函数并找到导函数的零点，便可得到反射定律。

（5）要点：

①视波长与真波长的关系为：$\lambda_\alpha=\lambda/\sin\theta$；

②视速度与真速度的关系为：$v_\alpha=v/\sin\theta$；

③速度与波长及频率的关系为：$v=\lambda f=\lambda/T$　或　$\lambda=Tv$。

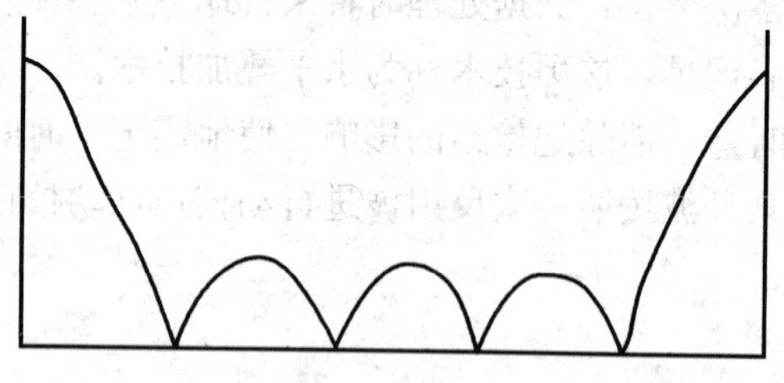

附图 B3－1　组合的方向特性曲线示意图

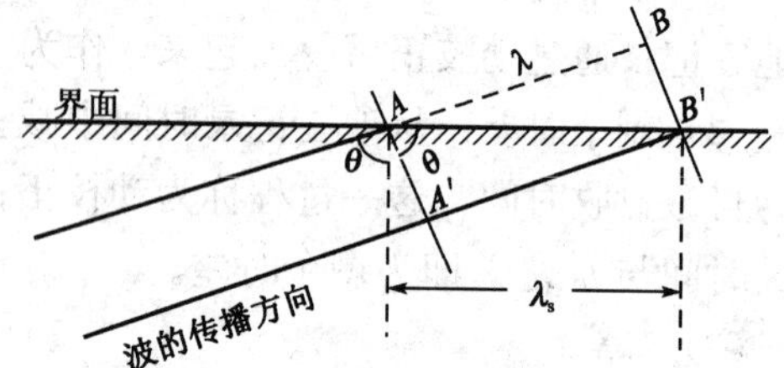

附图 B3－2　视波长与真波长关系示意图

（6）（略）。

（7）共炮点记录为

$$t=\frac{1}{v}\sqrt{x^2+4h_1^2+4h_1\sin\varphi}$$

共反射点时距曲线，其时距方程为

$$h_1 = h_0 - 1/2x\sin\varphi$$

$$t^2 = t_0^2 + \frac{x^2\cos^2\varphi}{v^2}$$

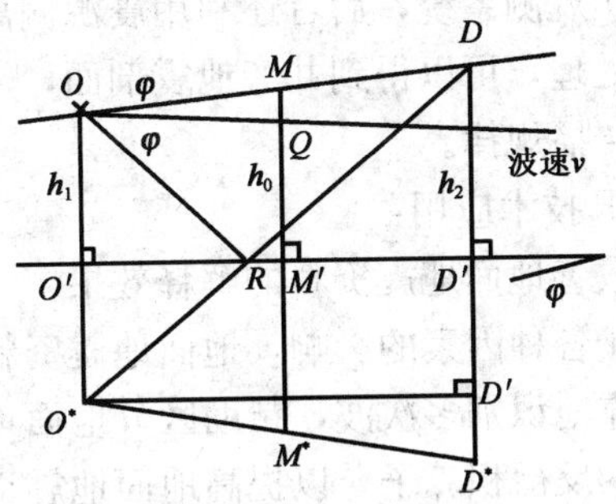

附图 B3-3 均匀介质倾斜界面的共反射点时距曲线

式中 t_0 为共中心点处自激自收时间。倾斜界面、层状均匀介质的共反射点时距曲线是双曲线。

(8) 作用：能压制方向性干扰，主要是面波和随机干扰。

类型：线性组合，面积组合等。

海上主要采用线性组合。

(9) ①理论研究和大量实际资料表明，地震波在岩层中的传播速度和岩层的性质（如弹性常数或岩石的成分、密度、埋藏深度、地质年代、孔隙度）等因素有关。

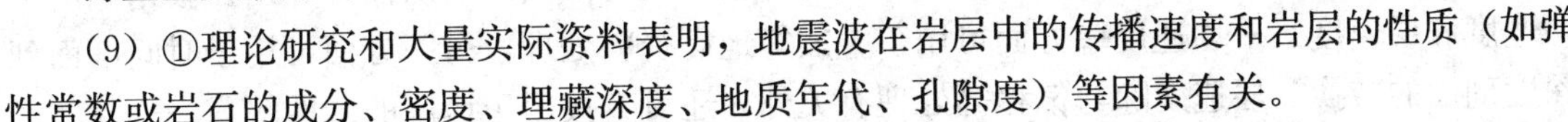

②平均速度 $v_{av} = \dfrac{\sum_{i=1}^{n} h_i}{\sum \dfrac{h_i}{v_i}}$，均方根速度 $v_R = \sqrt{\dfrac{\sum_{i=1}^{n} t_i v_i^2}{\sum_{i=1}^{n} t_i}}$。

③采用 Dix 公式和速度反演方法计算。

(10) 共反射点时距曲线的其时距方程为

$$t = \frac{1}{v}\sqrt{x^2 + 4h^2} = \sqrt{t_0^2 + \frac{x^2}{v^2}}$$

水平层状均匀介质的共反射点时距曲线也是双曲线，方程式与水平界面的共炮点反射波时距方程在形式上是相同的。但是共反射点时距曲线仅反映来自地下界面上的一个点，而共炮点反射波时距曲线反映来自地下界面上的一个段。

(11) 要点：费马原理认为，地震波在两点间传播路径所需时间最短，也称地震波传播最小时间原理。

惠更斯原理认为，任意时刻波前上的每一点都可以看成是一个新的点源，产生球面子波。前一时刻的波前面上产生的一群子波的包络面就构成了后一时刻新的波前面。

证明地震反射定律要通过计算反射波时间，求其时间的导函数并求出其零点，便得到反射定律。

(12) 原理：①固定时间 t_0，取不同的速度；

②计算动校正量、叠加；

③计算叠加能量、最大能量对应的速度即为该 t_0 时的叠加速度；

④改变 t_0，重复上述步骤。

应用：①资料处理；

②资料解释。

(13) 垂直地震剖面（VSP：Vertical Seismic Profiling）是在地面激发井中接收的一种观测方式，它是由地震测井方法发展而建立起来的一种地震勘探方法。地震测井和垂直地震剖面的不同在于：前者只须利用记录的初至波，后者不仅利于记录的初至波，还要利用记录的续至波；前者的观测点距通常较大，后者的观测点距很小；前者只利用震源在井口附近的零偏移距观测系统，后者还利用震源偏离井口非零偏移距观测系统和多偏移距观测系统，通过资料处理，可以得到井旁地震剖面，主要是研究旁地层剖面及在实际地质介质中研究波的形成和传播规律。

VSP 技术应用：

①改善地面地震资料的解释效果。

由于各种因素的影响，地面地震资料的质量一般较差，但是借助于质量良好的 VSP 资料能可靠地识别多次波，帮助区分地面地震记录上的一次反射，还能利用 VSP 资料设计出更合理的反褶积算子，以提高地面地震记录的分辨率。因此 VSP 资料能有效地改善地面地震资料的解释效果。

②为地面地震资料处理和解释提供比较可靠的参数。

根据拾取的下行直达波初至时间可作出比较精确的时深曲线，从而计算出比较精确的平均速度和层速度。平均速度一方面可用于叠加等地震资料处理，另一方面可用于时间剖面到深度剖面的转换。层速度除与偏移等处理有关外，还可直接用于地层的岩性解释。

③研究井孔附近地层的构造细节与岩性的变化。

提高地震勘探的分辨能力是地震勘探学家多年来追求的目标。VSP 资料与地面地震资料相比，具有较高的信噪比与分辨能力，因此，VSP 资料可以用于研究井孔附近的地层构造细节，确定井旁的小断层、断点的位置、地层的倾角与地层的微裂缝等。

地震勘探应用的主要目的是研究地质构造和地层岩性，地层岩性研究的一个重要特征就是更有效和更广泛地利用各种地震波的运动学和动力学信息。VSP 对于岩性勘探比常规地震剖面更有效，这主要是因为 VSP 有可能比常规地震剖面提取更多信息，提取的信息有更高的精度。因此，VSP 是地层岩性勘探的一个有力工具，并且在这个领域内有着更加宽广的发展前景。一般来说，VSP 可能提取的地震波运动学和动力学信息包括：地震波的旅行时、传播方向、振幅、频率、相应（波形特征）、极性、偏振等。这些信息反映诸如：岩层的波阻抗、反射系数、衰减、层速度、泊松比、各向异性等地球物理特征。根据岩层的地球物理特征可推断岩层的岩石成分、岩层相变、孔隙度、饱和度、流体成分、裂缝发育程度、渗透率、过压带等，这些信息对勘探非构造油藏，直接寻找油气，以及对油藏工程和油田开发等都有重要的指导意义。

附录C　现场物探技术等级考题精选及解析

C1　初级（一）

一、名词解释

（1）反射波；（2）透射波；（3）滑行波；（4）折射波；（5）有效波；（6）干扰波；（7）多次波；（8）波剖面；（9）岩浆岩；（10）沉积岩；（11）变质岩；（12）地质作用；（13）外力地质作用；（14）内力地质作用；（15）碎屑岩；（16）黏土岩；（17）碳酸盐岩；（18）岩层。

二、填空题

（1）用于石油和天然气勘探的物探方法，主要有________勘探，________勘探，________勘探，________勘探，其中最有效的物探方法是________。

（2）用________方法（如爆炸，敲击等）产生振动，研究振动在________的传播规律，进一步查明________地质构造和有用矿藏的一种________方法，叫地震勘探。

（3）物体在外力作用下发生了________，当外力去掉以后，物体能立刻________形状，这样的特性称为________。具有这种性能的物体叫________。

（4）弹性和塑性是物质具有的两种互相________的特性，自然界大多数物质都________具有这两种特性，在外力作用下既产生________形变，也产生________形变。

（5）弹性和塑性物体在外力作用下主要表现为________形变或________形变。这主要取决于物质本身的________性质，作用在其上的外力________及作用力延续时间的________，变化快慢，以及物体所处________、压力等外界条件。

（6）当外力作用________，而且作用时间又________时，大部分物质主要表现为弹性性质。

（7）在地表环境的常温常压条件下，由于________的变化以及大气、水和生物的作用，岩石发生崩裂、分解等一系列物理和化学的变化，形成________、________和________的过程，称风化作用。

（8）岩浆岩按其形成________分为________、________和________。

（9）根据炮点、________和地下反射点三者之间的关系，要________追踪反射波、炮点和接收点，它们之间需要保持一定的________关系。这种系称为________。

（10）根据炮点和接收点的相对位置，地震测线分为________和________两大类。

三、判断题

（1）地震波的速度是指地震波在岩层中的传播速度，简称地震速度。（　　）

（2）地震波的传播速度仅与岩石的密度有关。（　　）

(3) 当地下界面倾角较大时，由速度谱求的平均速度为等效速度。(　　)
(4) 断层走向与岩层走向相同，称为走向断层。(　　)
(5) 水平叠加剖面实质上就是反射时间剖面。(　　)
(6) 水平叠加剖面记录的是反射界面的垂直反射时间。(　　)
(7) 断层是发生明显相对移动的一种断裂构造现象。(　　)
(8) 不整合是地壳运动引起的，它不一定有沉积间断。(　　)
(9) 在频率域，用频率响应可以描述滤波器的特征。(　　)
(10) 地震波在地层中传播，遇到两种地层的分界面时，便会产生波的反射。(　　)

四、简答题

(1) 什么是共炮点反射波记录？
(2) 什么是共反射点记录？
(3) 什么是多次波记录？
(4) 什么是视速度？
(5) 面波在记录上有何特点？
(6) 什么是观测系统？
(7) 什么叫排列、道距和炮检距？
(8) 什么是小号放炮？在什么情况下采用？
(9) 什么叫多次覆盖？
(10) 什么是组合检波？
(11) 组合检波的作用如何？
(12) 什么叫面积组合？
(13) 什么叫正常时差？
(14) 什么是动校正？
(15) 什么是剩余时差？
(16) 什么是惠更斯原理？
(17) 什么是费马原理？
(18) 什么是透射定律？
(19) 写出共反射点时距曲线方程及其特点。
(20) 比较共炮点与共反射点时距曲线的相同点和不同点。

五、计算题

(1) 地下有一水平界面，其介质的速度为3000m/s，从水平叠加剖面上知其反射时间为2.25s，试问此反射界面的深度是多少？

已知：v=3000m/s，t_0=2.25s。

求：H=？

(2) 若有效波的视周期为25ms，波速为3500m/s，那么此有效波的视频率与视波长分别是多少？

已知：T^*=25ms，v=3500m/s。

求：f^*=？λ^*=？

(3) 若检波器之间相距 1200m，有效波的时差为 82ms，那么有效波的视速度是多少(取整数)?

已知：$\Delta X=1200$m，$\Delta t=82$ms。

求：$v^{*}=$?

(4) 计算覆盖次数 n。

已知：仪器道数 $M=240$，观测系统为 6300-325-0，炮点移动的距离 $d=50$m。

求：$n=$?

(5) 计算组合后反射波和干扰的振幅 $A\sum_{S}$ 和 $A\sum_{N}$。

已知：反射波的振幅 $A_{S}=1.0$，视速度 $v_{S}=7000$m/s，视周期 $T_{S}=0.03$s，干扰波的振幅 $A_{N}=1.5$，视速度 $v_{N}=200$m/s，视周期 $T_{N}=0.1$s，组合数 $n=2$，组合距 $\delta X=10$m。

求：$A\sum_{S}=$? $A\sum_{N}=$?

参考答案

一、名词解释

(1) 反射波：地震波在地层中传播，遇到两种地层的分界面时，便会产生波的反射，在原来地层中形成一种新波，这种波称为反射波。

(2) 透射波：地震波在地层中传播，遇到两种地层的分界面时，一部分能量返回原地层形成反射波，另一部分能量透过分界面在第二种地层中传播，形成透射波，又叫做透过波。

(3) 滑行波：当下部地层的速度大于上部地层的速度时，如果入射波的射线与界面法线之间的夹角等于某一个角度 i 时，透射波的射线与界面法线间的夹角就等于 90°，透射波将沿地层分界面滑行，称沿界面滑行的透射波为滑行波。

(4) 折射波：当滑行波沿地层分界面滑行时，由于上下两种地层是紧密接触的，这样就会在上部地层中产生一种新的波，这种波叫做折射波。

(5) 有效波：在地震勘探工作中，用来解决地下地质问题的波叫做有效波。用反射波地震法进行勘探时，反射波就是有效波。

(6) 干扰波：在地震勘探工作中，凡是妨碍追踪和识别有效波的其他一切波，都被称为干扰波。

(7) 多次波：当地下存在强反射界面时，除产生一次反射波之外，还会在这个界面与地面之间产生多次反射波，简称多次波。

(8) 波剖面：波在传播过程中的某一个时刻，介质中各个质点的位移是不同的，描述质点位移与空间位置关系的图形，叫做波剖面。

(9) 岩浆岩：由地下深处高温高压的岩浆上升到地壳中或喷出地表，冷凝结晶而形成的岩石。

(10) 沉积岩：在地壳表层及浅部，由原岩经过风化剥蚀作用、搬运沉积作用和成岩作用而形成的层状岩石，称为沉积岩。

(11) 变质岩：岩浆岩和沉积岩受到高温高压作用，或有物质成分的加入或代出，使岩石的成分、结构、构造等发生变化而形成的新岩石，称为变质岩。

(12) 地质作用：促使地壳的物质成分、内部构造和表面形态等不断变化和发展的各种自然作用，统称为地质作用。

（13）外力地质作用：大气、水和生物在太阳辐射能等地球以外能源的影响下产生的动力对地壳表层所进行的各种地质作用，统称为外力地质作用。

（14）内力地质作用：由地球热能和重力能等地球内部能量所引起的各种地质作用的统称。

（15）碎屑岩：沉积岩的一种，主要由碎屑物质和胶结物组成，其中碎屑物质的含量在50％以上。

（16）黏土岩：沉积岩的一类，主要由高岭石等黏土矿物组成，粒径小于0.005mm的物质占50％以上。

（17）碳酸盐岩：属于化学—生物化学成因的一类沉积岩，主要由方解石、白云石组成。

（18）岩层：由同一种岩石组成，上下具有界面的一类岩石。

二、填空题

（1）地震，重力，电法，磁法，地震勘探；
（2）人工，地下，地下，物探；
（3）形变，恢复，弹性，弹性体；
（4）对立，同时，弹性，塑性；
（5）弹性，塑性，物理，大小，长短，温度；
（6）很小，很短；
（7）温度，碎屑物质，溶解物质，残余物质；
（8）深度，深成岩，浅成岩，喷出岩；
（9）接收点，连续，相互位置，观测系统；
（10）纵测线，非纵测线。

三、判断题

（1）√；（2）×；（3）×；（4）√；（5）×；（6）√；（7）×；（8）×；（9）√；（10）√。

四、简答题

（1）将某点放炮接收到地下界面不同点的反射波，将这些接收点上的反射波形记录依次排列在一起，就成为反射波地震记录，简称反射波记录。这种记录又称为共炮点记录，因为它们的炮点相同。

（2）如果在O_1点放炮，S_1点接收，O_2点放炮，S_2点接收，O_3点放炮，S_3点接收等，均接收到地下界面上同一点R的反射波。将各个接收点上的反射波形记录，按炮点到接收点的距离由小到大依次排列在一起，就成为反射波的共反射点记录。

（3）如果地下有一个强反射界面，在接收点上，不仅能接收到该界面上的一次反射波，而且还能接收到它的多次反射波。多次波记录与一次波记录是相似的，只是它的传播时间比一次波的传播时间要长。

（4）地震波沿测线传播的速度称为视速度。

（5）面波是一种沿地表传播的干扰波，面波在记录上同折射波有点相似，但是面波的传播速度比折射波的传播速度低很多，并且面波的波形较“胖”，延续的时间也较长。面波的强弱与放炮深度有关，一般在潜水面以下深度放炮，面波的强度较弱。

（6）为了查明地下地质构造，地震勘探工作必须在地面上布置许多测线，沿测线进行连续观测。因此，在测线上要布置许多炮点和接收点。要连续追踪反射波，炮点和接收点之间需要保持一定的相互位置关系，这种关系称为观测系统。

（7）对于每一个炮点，都要布置许多接收点。一个接收点就叫做一道，所有的接收点就构成一个排列，一个排列常用120道。道与道之间的距离叫做道距，接收点与炮点之间的距离叫做炮检距，炮点与最近一个接收点之间的距离称为偏移距，炮点与最远一个接收点之间的距离则叫最大炮检距。

（8）当炮点位于排列左侧时就叫做小号放炮。当地下界面有倾角且地层倾向指向小桩号方向时，就采用小号放炮进行观测。

（9）为了压制多次波等干扰，可采用多次覆盖的观测法。所谓多次覆盖，就是对地下每一个反射点，都要进行多次重复观测。

（10）为了压制面波等干扰，可采用组合检波接收。所谓组合检波，就是把多个检波器接收组合在一起，作为一个地震道的输入，这种接收方式就是组合检波。

（11）组合检波对反射波和干扰波的使用是不同的。组合后干扰波互相抵消，而反射波由于到达接收点的时差很小，组合后反射波增强了。所以，组合检波可以压制干扰波，增强反射波。

（12）面积组合就是检波器分布在一定的面积上。面积组合既可以提高抑制干扰波的能力，而且也能够压制不同方向来的干扰波。

（13）在 O_1 点放炮，S_1 点接收到地下 R 点的反射波，反射波的传播时间 t_1 与垂直反射时间之差。不同的记录道，反射波的正常时差不同。

（14）对共反射点道集记录，把每一道反射波的传播时间减去它的正常时差，这就叫做动校正，或者称为正常时差校正。

（15）对于共反射点道集记录上的多次波来说，同样用反射波的正常时差，对它进行动校正。由于反射波的正常时差与多次波的正常时差不同，所以，动校正后的多次波记录，道与道之间仍然存在着时差，这个时差叫做多次波的剩余时差。

（16）惠更斯原理为波前面上的每一个点，都可以看成是新的震源，这些小震源发出的子波波前的包络面，就是新的波前面。

（17）费马原理为地震波沿射线传播的时间与沿其他任何路程传播的时间相比为最小。

（18）透射波与入射波之间满足透射定律：

①入射线、透射线位于法线两侧，入射线、透射线和法线同在一平面内。

②入射角的正弦与透射角的正弦之比，等于入射波的速度与透射波的速度之比，即

$$\frac{\sin\theta_1}{\sin\theta_2}=\frac{v_1}{v_2}$$

（19）在均匀介质水平层的情况下，共反射点时距曲线方程为 $\frac{t^2}{\left(\frac{2h_0}{v}\right)^2}-\frac{x^2}{(2h_0)^2}=1$，共反射点时距曲线是一条对称于纵轴的双曲线。

（20）在均匀介质水平层的情况下，共反射点时距曲线与共炮点时距曲线在形式上类似，都是一条双曲线。但是，共反射点时距曲线只反映界面上的一个点，而共炮点反射波时距曲

线则反映界面上的一段。其次共反射点时距曲线中的时间 t_0，表示共中心点 M 的垂直反射时间，而共炮点反射波时距曲线中的时间 t_0，则表示炮点的垂直反射时间。

五、计算题

（1）解：因为 $H=(1/2)vt_0$，所以

$$H=(1/2)\times3000\times2.25=3375\text{m}$$

即此反射界面深度为 3375m。

（2）解：因为 $f^*=1/T^*$，所以

$$f^*=1/0.025=40\text{Hz}$$

因为 $\lambda^*=T^*v$，所以

$$\lambda^*=0.025\times3500=87.5\text{m}$$

即此有效波的视频率为 40Hz，视波长为 87.5m。

（3）解：因为 $v^*=\Delta X/\Delta t$，所以

$$v^*=1200/0.082=14634\text{m/s}$$

即有效波的视速度为 14634m/s。

（4）解：由观测系统可知，道间距 $\Delta X=25\text{m}$，所以

$$n=M\Delta X/(2d)=240\times25/(2\times50)=60$$

即覆盖次数为 60 次。

（5）解：先计算反射波和干扰波的组合参量 Y_S 和 Y_N。

$$Y_S=\delta X/(v_S T_S)=10/(7000\times0.03)=0.05$$

$$Y_N=\delta X/(v_N T_N)=10/(200\times0.1)=0.5$$

再计算反射波和干扰波的组合方向特性值 $P(Y_S)$和 $P(Y_N)$

$$P(Y_S)=\frac{1}{2}\sin(2\pi Y_S)/\sin(\pi Y_S)$$

$$=\frac{1}{2}\sin(2\times3.14\times0.05)/\sin(3.14\times0.05)=1.0$$

$$P(Y_N)=\frac{1}{2}\sin(2\pi Y_N)/\sin(\pi Y_N)$$

$$=\frac{1}{2}\sin(2\times3.14\times0.5)/\sin(3.14\times0.5)=0$$

最后计算反射波和干扰波组合后的振幅 $A\sum_S$ 和 $A\sum_N$。

$$A\sum\nolimits_S=P(Y_S)A_S=1.0\times1.0=1.0$$

$$A\sum\nolimits_N=P(Y_N)A_N=0\times1.5=0$$

即组合后反射波的振幅为 1.0，干扰波的振幅为 0。

C2　初级（二）

一、名词解释

（1）面波；（2）声波；（3）无规则干扰波；（4）岩相；（5）沉积相；（6）岩层尖灭；

(7) 标准层；(8) 视倾角；(9) 褶曲要素；(10) 断层；(11) 断层面；(12) 地球物理勘探；(13) 地震勘探；(14) 弹性体；(15) 谐振运动；(16) 平行不整合；(17) 地堑；(18) 地垒；(19) 道距；(20) 炮检距。

二、填空题

(1) 普通的二维地震测量，常采用________进行观测，在三维地震测量中，则是________和________并用。只有在很特殊的情况下，如查明江河下面的构造，才单独采用________观测。

(2) 观测系统可用________平面图表示，不断移动________和________位置，直到测线的末端，可以得到一系列的时距曲线和________的地下反射界面。

(3) 端点连续观测系统的特点是________靠近排列，这样既不受________波的干扰，也减少了________之间的互相干涉，有利于提高________精度。

(4) 端点连续观测系统________靠近排列，浅层________易受________、________和井口的干扰，这是它的缺点。

(5) 间隔________观测系统的特点是________和接收段之间，总是________一个或几个排列，并能________追踪反射界面。

(6) 间隔连续观测系统，由于________和________相隔一定距离，因此可以________面波、声波和井口干扰。但是，它还会受________波的干扰。

(7) 地层接触关系包括三种基本类型，即________、________和________。

(8) 根据断层两盘相对位移方向，把断层分为四种基本类型，即：________、________、________和________。

(9) 圈闭是具有________、________和________条件，使油气能在其中聚集并形成________的场所。

(10) 角度不整合在时间剖面上，不整合面上下反射层________有明显不同，可清楚地看到它们逐渐________，形成________面下的________尖灭。

三、判断题

(1) 在反射波地震法进行勘探中，反射波就是有效波。(　　)

(2) 在反射波地震法进行勘探中，面波是一种沿地表传播的干扰波。(　　)

(3) 面波的传播速度与折射波的传播速度差不多。(　　)

(4) 水平叠加能使多次波受到压制，反射波得到加强。(　　)

(5) 地震波沿测线传播的速度为视速度。(　　)

(6) 地层间的不整合是在比较强烈的地质运动影响下形成的。(　　)

(7) 位于断层面之上者为上升盘。(　　)

(8) 反射系数增大，反射波振幅增强，干扰波也增强。(　　)

(9) 地震速度一般不随岩石埋藏深度的增加而增加。(　　)

(10) 石油是一种成分十分复杂的天然有机化合物的混合物，其主要成分是液态烃。(　　)

四、简答题

(1) 简述直达波、反射波和折射波的关系。

(2) 什么是多次反射波？

(3) 常见的多次波有几种？

(4) 自然界中形成不同种类沉积岩的主要原因是什么？

(5) 沉积岩有哪些共同特征？

(6) 水平岩层的主要特点是什么？

(7) 什么是倾斜岩层？怎样描述倾斜岩层的空间位置？

(8) 褶皱构造和褶曲的概念有什么异同？

(9) 线性组合的方向特性曲线有何特点？

(10) 什么是共反射点叠加法？

(11) 什么是剩余时差？

(12) 道间距对叠加特性曲线的影响如何？

(13) 选择观测系统的原则有几条？

(14) 根据断层两盘相对位移方向，把断层分为哪几种基本类型？

(15) 地形等高线有哪些特征？

(16) 什么是等高线地形图？

五、计算题

(1) 计算不同孔隙度的砂岩速度。

已知：砂岩骨架速度 v_m=5200m/s，孔隙中充气，气的速度 v_1=430m/s。

求：孔隙度 Φ=0.1 和 0.2 时，砂岩速度 v=？

(2) 计算速度随深度的相对变化率 β?

已知：$v(z)$ =4500m/s，v_0=1880m/s，z=3650m，且 $v(z)=v_0(1+\beta z)$。

求：β=？

参考答案

一、名词解释

(1) 面波：是一种规则的干扰波，面波的频率较低，一般只有几个赫兹或 20～30Hz，面波的视速度较小，一般为 100～1000m/s，其中以 200～500m/s 视速度的面波最常见。

(2) 声波：是一种在空气中传播的纵波。在土坑、浅水和干井中放炮，都可以观测到较强的声波。它的传播速度较为稳定，约 340m/s，声波频率高，延续时间短，呈窄带状分布。

(3) 无规则干扰波；无一定频率、无一定视速度的干扰波称为无规则干扰波。

(4) 岩相：是岩石的面貌，包括岩石的岩性特征、古生物特征以及岩体的形态和分布等。

(5) 沉积相：是一定的沉积环境以及在该环境中形成的沉积物特征的综合。

(6) 岩层尖灭：岩层的厚度向某一方向逐渐变薄以至消失称为岩层尖灭。

(7) 标准层：可以用来进行地层划分和对比的特征性地层（或岩层），它们必须具有某些明显的地质特征、厚度不大且稳定，并且在区域上广泛分布。

(8) 视倾角：在与岩层走向斜交的剖面上，岩层层面与假想水平面的夹角，也就是岩层层面与走向线斜交的任一直线与其水平投影的夹角。

(9) 褶曲要素：褶曲的各个实在和抽象的组成部分，包括核部、翼部、转折端、轴面、轴线、枢纽以及翼角和高点等。

(10) 断层：当岩石受力超过一定的强度而发生破裂并且破裂面两侧岩块有明显的相对位移时，由破裂面和两侧岩块组成的构造形迹，称为断层。

(11) 断层面：在断层构造中分割断开的两部分岩块的破裂面。

(12) 地球物理勘探：研究地层岩石的物理性质（如弹性，磁性，电性和密度等）并进一步查明地下的地质构造和有用矿藏的地质勘探方法，就叫做地球物理勘探，简称物探。

(13) 地震勘探：用人工方法（如爆炸，敲击等）产生振动（地震），研究振动在地下的传播规律并进一步查明地下地质构造和有用矿藏的一种物探方法，叫做地震勘探。

(14) 弹性体：物体在外力作用下发生了形变，当外力去掉以后，物体能立刻恢复原状，这样的特性称为弹性，具有这种性质的物体叫做弹性体。

(15) 谐振运动：属于周期振动的一种，它在振动过程中，不仅周期保持不变，而且振幅也始终保持不变。

(16) 平行不整合：上下两套地层的产状彼此平行，但在两套地层之间缺失了一些时代的地层，称为平行不整合。

(17) 地堑：主要由两条走向基本一致、相向倾斜的正断层构成，两条正断层之间有一个共同的下降盘。

(18) 地垒：主要由两条走向基本一致、倾斜方向相反的正断层构成，两条正断层之间有一个共同的上升盘。

(19) 道距：道与道之间的距离叫做道距。

(20) 炮检距：接收点与炮点之间的距离叫做炮检距。

二、填空题

(1) 纵测线，纵测线，非纵测线，非纵测线；

(2) 时距，炮点，排列，连续；

(3) 炮点，浅层折射，反射波，解释；

(4) 炮点，反射点，面波，声波；

(5) 连续，炮点，间隔，连续；

(6) 炮点，接收点，避开，浅层折射；

(7) 整合接触，平行不整合接触，角度不整合接触；

(8) 正断层，逆断层，平移断层，枢纽断层；

(9) 储集层，盖层，遮挡，油气藏；

(10) 产状，靠拢，不整合，地层。

三、判断题

(1) √；(2) √；(3) ×；(4) √；(5) √；(6) ×；(7) ×；(8) ×；(9) ×；(10) √。

四、简答题

(1) 在地面上可观测到同一界面的折射波和反射波，它们的关系为：

①在炮点附近，观测不到折射波，只能观测到直达波和反射波，而且直达波比反射波先到达各个接收点。

②在远离炮点处，即在折射波的盲区以外，才能观测到折射波，而且折射波比反射波先到达各个接收点。

③折射波与反射波在折射波的始点相遇，过始点以后彼此才分开。

(2) 当地下存在着两个或两个以上的良好反射界面时，除产生一般的反射波之外，还会产生一些来往于各界面之间的几次反射波，这种波称为多次反射波，简称多次波。

(3) 常见的多次反射波有三种——全程多次波；部分多次波；虚反射。

(4) ①物源区所供给的物质成分不同。

②由于沉积分异作用，不同的原始物质在不同的地段先后、分别沉积。

(5) 沉积岩具有许多与外力地质作用和地表条件有关的共同特征，主要是：

①沉积岩的颜色不但是成分的表现，而且能反映沉积环境的特征。

②具有成层构造和层理，特别是具有波痕、泥裂等层面沉积构造。

③常含有古代动植物化石。

④在地壳浅层成层分布。

(6) 主要特点是：

①同一岩层层面上各点的海拔高度大致相同。

②新岩层一定位于老岩层之上。

③新岩层分布于山顶，老岩层分布于沟谷，而且沟谷越深，所出露的岩层年龄越老。

(7) 层面与水平面有一定交角的岩层称为倾斜岩层。倾斜岩层的空间位置用产状要素来描述，即用岩层的走向、倾向和倾角来描述。走向表示岩层在水平面上的延伸方向，倾向表示岩层的倾斜方向，倾角表示岩层倾斜的程度。

(8) 这两个概念都是用来说明岩层的弯曲形态的，但褶皱构造指沉积岩和其他层状岩石在力的作用下发生塑性变形所形成的波状起伏的连续弯曲，而褶曲指岩层的一个弯曲，褶曲可以是褶皱构造的一部分，也可以是岩层的一个独立弯曲。

(9) 线性组合的方向特性曲线有下列特点：

①极值点。当 $Y=0$（即垂直入射）时，$P(Y)=1$，为一次极值；当 $Y=1$ 时，$P(Y)=1$，为二次极值。地震波位于极值区时都会得到加强。

②通放带。当 $Y=0$ 时，$P(Y)=1$；当 $Y=1/2n$ 时，$P(Y)=0.7$，称区间 $[0, 1/2n]$ 为通放带。为了使反射波在组合后得到加强，必须使反射波的组合参量 Y_s 位于通放带内，即 Y_s 大于或等于 0，小于或等于 $1/2n$。

③零值点。当 $Y=1/n$，$2/n$，…，$(n-1)/n$ 时，$P(Y)=0$，零值点的个数为 $n-1$。例如当 $n=5$ 时，有四个零值点，即 $Y=0.2$，0.4，0.6 和 0.8。地震波位于零值区时，会受到最大压制。

④压制区。区间 $[1/n, (n-1)/n]$ 称为压制区。为使干扰波在组合后得到最大压制，必须使干扰波的组合参量 Y_N 位于压制区内，即 Y_N 大于或等于 $1/n$，小于或等于 $(n-1)/n$。

(10) 共反射点叠加法简称叠加法，它是对地下同一反射点进行多次观测，得到共反射点道集记录，经过动校正和水平叠加，使一次反射波得到加强，多次反射波和其他干扰波相对削弱，从而提高信噪比。

(11) 对共反射点道集记录进行动校正，将分为两种情况：就反射波而言，各叠加道的旅行时间都校正成 t_0 时间，叠加后反射波得到加强；对于干扰波来说，当干扰波的 t_N 时间与反射波的 t_0 时间相等时，在炮检距不等于零的叠加道上，干扰波的到达时间不等于反射波的到达时间，所以动校正后，相对于共中心点的时间 t_0 而言，干扰波将有一时差，这个时差叫做干扰波的剩余时差。

(12) 不同道间距的叠加特性曲线随着道间距的增大，通放带宽度变窄，压制带的范围左移，这有利于压制与反射波速度相近的多次波。另外，增大道间距，压制带宽度变窄，这不利于压制与反射波速度相差较大的多次波。所以，并不是道间距越大越好。

(13) 合理地选择观测系统因素，在多次覆盖中具有十分重要的意义。在选择观测系统时，应遵守下述三条原则：

①要根据地下地质情况、地质任务和干扰波的特点来选择观测系统的形式。如果工区内断层发育，多次波干扰不严重，这时可选用短排列的单边放炮或中间放炮观测系统。因为排列短，一方面动校正速度误差小，另一方面地下反射点密集，观测精度高，可提高多断层地区的勘探效果。如果多次波干扰比较严重，这时就应选用端点的或偏移的长排列观测系统。因为排列长，有利于压制多次波干扰。

②选择观测系统时，必须确保反射波位于通放带，干扰波处于压制区。另外，还必须保证叠加后有足够的信噪比，一般要求信噪比达到3～5倍。

③在保证地质任务完成和保证质量的前提下，尽量采用低覆盖次数，大道距的观测系统，用最小的工作量达到最好的地质效果。

(14) 共分为四种基本类型：

①正断层：断层的上盘相对下降，下盘相对上升。

②逆断层：断层的上盘相对上升，下盘相对下降。

③平移断层：断层的两盘沿水平方向相对错动。

④枢纽断层：断层的两盘作相对旋转运动。

(15) 地形等高线的特征为：

①同一条等高线上各点高程相同。

②等高线的疏密反映地形坡度的陡缓。

③封闭的等高线表示山头和凹地。

④等高线穿过河谷时，形成尖端指向上游的“V”字形；穿过山脊时，形成底部指向坡脚的“U”字形。

(16) 等高线地形图是用地面和假想水平面的交线来表示地面高程变化的图件。

五、计算题

(1) 解：当 $\Phi=0.1$ 时，因为

$$\begin{aligned}1/v &= (1-\Phi)/v_m+\Phi/v_l \\ &=(1-0.1)/5200+0.1/430 \\ &=0.0004056\ (s/m)\end{aligned}$$

所以 v=2465m/s。

当 Φ=0.2 时，因为

$$1/v=(1-\Phi)/v_m+\Phi/v_1$$
$$=[(1-0.2)/5200+0.2/430]$$
$$=0.0006189\ (s/m)$$

所以 v=1616m/s。

即 Φ=0.1 时，v=2465m/s；Φ=0.2 时，v=1616m/s。

（2）解：因为 $v(z)=v_0(1+\beta z)$，所以

$$\beta=[v(z)-v_0]/(zv_0)$$
$$=(4500-1880)/(1880\times 3650)$$
$$=0.0003818\ (L/m)$$

即速度随深度的相对变化率为 0.0003818L/m。

C3 中级（一）

一、名词解释

（1）均匀介质；（2）平均速度；（3）反向正断层；（4）圈闭；（5）构造阶；（6）地层柱状图；（7）沉积旋回；（8）油气藏；（9）构造运动周期；（10）叠加速度；（11）主测线；（12）静校正；（13）地震分辨率；（14）合成地震记录；（15）反射系数。

二、填空题

（1）研究地层岩石的________性质，如弹性、磁性、电性和密度等，进一步查明地下的________构造和有用矿藏的地质勘探方法，就叫做________勘探，简称________。

（2）地震波的速度是指地震波在________中的传播速度，简称________速度。

（3）地震波的传播速度与岩石的________性质有关，不同的岩石由于________性质不同，地震波的速度也不一样。

（4）地震勘探应用人工击发产生________波，并用仪器接收来自地下岩层________反射回来的波（反射波）。

（5）地震波的速度与孔隙度成________；同种性质的岩石，孔隙度越大地震波速度越________；反之则越________。

（6）最低一条闭合等值线与背斜高点之间的距离称为________；最低一条闭合等值线所包围的面积称为背斜的________。

（7）一个圈闭构造，之所以能打出油气，除有油气源外，还必须有________、________。

（8）能形成储集层的岩石必须具有好的________性和________性。

（9）包含有多次波等干扰的共________道集记录，经过________和________，将变成一个新的________记录道。

（10）经动校正和水平叠加，________有所提高，并把这个记录道放在测线的________位置。

(11) 正断层可分为________和________两类。
(12) 在布置测线时，一般主测线应________构成走向；联络线应________构造走向。
(13) 海相地层沉积环境________，陆相地层沉积环境________。
(14) 在速度谱上拾取的速度是________；在时深转换尺上读取的速度是________。
(15) 地震波遇到岩层分界面时主要产生的两种波是________和________。

三、判断题

(1) 纵波的传播方向与质点振动方向垂直。(　　)
(2) 年代老的岩层速度一定大于年代新的岩层速度。(　　)
(3) 孔隙中充满气时的速度比孔隙中充满油时的速度小。(　　)
(4) 岩石密度越大，地震波在其岩层中传播的速度就越大。(　　)
(5) 波阻抗越大，反射系数就越大。(　　)
(6) 地震波的速度一定随岩石埋藏深度的增加而增加。(　　)
(7) 地震波遇到地层分界面时，既产生反射也产生折射。(　　)
(8) 形成圈闭的基本条件是必须具备储集层、盖层和遮挡条件。(　　)
(9) 水平叠加时间剖面记录的是反射界面的垂直反射时间。(　　)
(10) 迪克斯公式所求的速度为均方根速度。(　　)
(11) 不整合分为平行不整合和角度不整合。(　　)
(12) 沿测线观察到的倾角一定为地层真倾角。(　　)
(13) 岩石孔隙度越大，地震波在其中传播的速度就越低。(　　)
(14) 闭合差一般不能大于该标准层反射波波长的一半。(　　)
(15) 等 t_0 平面图描述的是反射时间相同的点的情况。(　　)

四、简答题

(1) 绕射波是怎样形成的?
(2) 绕射波的振幅和相位有什么特点?
(3) 什么是叠加速度?
(4) 叠加速度谱和相关速度谱的差异。
(5) 速度谱的时窗长度怎样选择?
(6) 为什么闭合高度大的褶曲有利于油气的聚集?
(7) 倾斜岩层在构造等值线图上有何主要特征?
(8) 鼻状构造在构造等值线图上有哪些特点?
(9) 回转型凹界面反射波有哪些特点?
(10) 什么是断面反射波以及产生断面反射波的条件是什么?
(11) 断面波有什么特点?
(12) 什么是反射标准层的条件?
(13) 在时间剖面上如何识别不整合面?
(14) 怎样做地震相分析?
(15) 怎样进行有利相带划分?
(16) 怎样进行地震层序的划分?

(17) 如何编绘构造图?

(18) 碎屑岩类沉积相是怎样划分的?

参考答案

一、名词解释

(1) 均匀介质：地震波的传播速度，在地层中每一个点上都相同，这样的地层为均匀介质。

(2)(略)

(3) 反向正断层：地层走向与断层面倾向相反的正断层，称为反向正断层。

(4) 圈闭：具有储集层、盖层和遮挡条件，使油气能够在其中聚集并形成油气藏的场所。

(5) 构造阶：在倾斜岩层中，有一段突然变缓，称为构造阶。

(6) 地层柱状图：以符号和文字相结合，表示地层的岩性、厚度、层位和接触关系等地质内容的柱形图件。

(7) 沉积旋回：在连续沉积的剖面上，岩性由粗到细，又由细到粗的一套岩层，是一个构造运动周期中形成的沉积物。

(8) 油气藏：是在单一圈闭内，具有统一压力系统的油气聚集。

(9) 构造运动周期：在地壳上同一地区，在连续的时间内，构造运动由上升转入下降，又由下降转入上升的过程，称为一个构造运动周期。

(10) 叠加速度：使多次覆盖能够取得最佳叠加效果的速度。

(11) 主测线：垂直构造走向布置的测线。

(12) 静校正：对因表层起伏或基准面变化引起的波至时间变化进行的校正。

(13)(略)

(14) 合成地震记录：由测井所测得的层速度和密度等资料与子波褶积而成的记录。

(15) 反射系数：层分界面以下地层波阻抗与上地层波阻抗的差值与该分界面上下地层波阻抗和的比值。

二、填空题

(1) 物理，地质，地球物理，物探；

(2) 岩层，地层；

(3) 弹性，物理；

(4) 地表，分界面；

(5) 反比，小，大；

(6) 闭合高度，圈闭面积；

(7) 储层，盖层；

(8) 孔隙，渗透性；

(9) 反射点，动校正，水平叠加，地震；

(10) 信噪比，共中心点；

(11) 后生，生长；

(12) 垂直，平行；

(13) 相对稳定，相对动荡；

(14) 叠加速度，平均速度；

(15) 反射波；折射波。

三、判断题

(1) ×；(2) ×；(3) √；(4) √；(5) ×；(6) ×；(7) √；(8) √；(9) √；(10) ×；(11) √；(12) ×；(13) √；(14) √；(15) ×。

四、简答题

(1) 绕射波的形成，既有几何地震学观点的解释，也有物理地震学观点的解释。几何地震学观点认为：地震波在传播过程中，如果遇到一个障碍物的棱，便会产生波的绕射，在上覆介质中形成绕射波。这就是说，绕射波是由点或棱产生的，而物理地震学的观点则认为：绕射波不能由点或棱产生，而是由整个反射界面产生，表面上观测到点或棱的绕射波，实际上是整个反射界面的绕射叠加在边界上的表现形式。

(2) 绕射波的振幅和相位特点如下：

①一个反射界面的中断点上，将产生左右两支相位差为180°的绕射波。

②反射系数有突变的界面，在突变点上也会产生绕射波，绕射波的相位与反射系数绝对值大的中断点绕射波相位相同。

③反射波到绕射波的能量是渐变的，在切点上波的振幅为反射波振幅的一半，该点称为半幅点，过切点以后，绕射波的振幅迅速衰减。

(3) 用来保证最佳叠加效果的速度即为叠加速度。

在不同介质情况下，它代表的意义也不同。均匀介质水平界面时，叠加速度为均一速度；均匀介质倾斜界面时，叠加速度为等效速度；水平层状介质时，叠加速度为平均速度或均方根速度。

(4) 通过计算表明：叠加速度谱的计算工作量较小，而相关速度谱的计算工作较大。但是相关速度谱的谱线峰值尖锐，灵敏度较高，而叠加速度谱的谱线峰值平缓，灵敏度较低。由于少数几道大振幅的干扰，能使相关速度谱出现假峰值。所以相关速度谱的抗干扰能力，又低于叠加速度谱。在实际工作中，则是根据记录的不同信噪比来选用叠加速度谱或相关速度谱。

(5) 为了压制干扰波，提高速度谱的质量，采用在一个时窗范围内计算速度谱的谱线。然而时窗的大小又直接影响速度谱的计算工作量和分辨能力。如果时窗选择过大，这不仅增加了计算工作量，而且有可能在同一个时窗内，包含有几个反射层，使速度谱的分辨能力降低。时窗也不能太小，如果时窗长度小于反射波的延续时间，这样不但削弱了对干扰波的压制效果，而且由于偶然因素也会使速度谱的分辨能力降低。因此，时窗长度应等于或稍大于反射波的延续时间，一般用40～100ms。

(6) 主要原因有以下三点：

①闭合高度大，则翼部倾角大，有利于抵抗动力的冲刷。反之，翼部倾角过小，等于或小于油水界面的倾斜角度，油就不能在其中聚集，同样也影响天然气的聚集。

②油水之间的分界是一个油水过渡带，油水过渡带有一定的宽度。背斜闭合度必须大于这个宽度，才能形成“纯”含油部分。

③在相同闭合面积下，闭合高度越大，圈闭容积也越大，就能够储存更多的油气。

(7) 倾斜岩层在构造等值线图上主要有以下特征：

①各条等值线大致呈直线平等延伸。

②等值线的高程向一个方向渐次降低（或升高）。

③等值线的疏密与岩层倾角大小有关，岩层倾角越大，等值线越密。

(8) 鼻状构造在构造等值线图上的特点是：

①在较大范围内平直延伸的等值线出现局部弯曲。

②等值线不封闭。

③等值线弯曲方向凸向低处。

(9) 回转型凹界面反射波具有以下特点：

①回转型凹界面反射波的 $t_0(x)$ 曲线为一条双曲线，双曲线的曲率与圆心 P 点的绕射波 $t_0(x)$ 曲线的曲率相同，并随底点埋藏深度的增加而减小。

②回转波的 $t_0(x)$ 曲线，极小点位置与凹界面底点位置相同。

③回转波的 $t_0(x)$ 曲线，比底点绕射波的 $t_0(x)$ 曲线的曲率大。这是区别回转波与绕射波的标志之一。

④回转波的能量，既有聚焦增强，也有发散减弱，但是振幅稳定。绕射波振幅衰减快，这是区别回转波与绕射波的标志之二。

⑤叠加偏移时间剖面，回转波收敛为凹界面，几何形态与实际界面相同。绕射波收敛为一点，这是区别回转波与绕射波的又一标志。

⑥水平叠加剖面上，回转波经常出现在深层，它的上面是聚焦型反射波，再上面则是平缓向斜型反射波。

(10) 在多断层地区，常观测到断层面上产生的反射波，称为断面反射波，简称断面波。并不是所有的断层都产生断面波，只有当断层落差较大，断层面较光滑，断面倾角不大时，才会产生较强的断面波。此时，由于断面两侧具有不同的岩性，或是不同地质年代的地层直接接触，断层面本身就是一个良好的波阻抗界面，所以才产生断面波。

(11) 断面反射波是一种平界面反射波，它具有一般平界面反射波的特点。由于它是断层面产生的反射波，所以断面波又有它自己的一些特点：

①断面波是大倾角反射波。由于断面倾角都大于地层倾角，所以断面波是大倾角反射波。在水平叠加剖面上，同相轴比较陡直，和一般反射波同相轴产状很不协调，常和它们交叉，产生干涉。

②由于断面波是断层面上的反射波，所以在断面波附近，经常伴随有绕射波，凸界面有反射波和回转波等。它们彼此相切，都由绕射波把它们联结起来。

③断面波的能量特点是：在一般沉积凹陷的中、小型断层上的断面波，能量强弱变化大，同相轴断断续续出现，不易连续对比。而在控制凸起或凹陷的大断层上的断面波，能量强，振幅稳定，能连续对比。

(12) 反射标准层应具备下列条件：

①反射标准层必须是分布范围广，特征稳定，连续性好，能够长距离追踪的反射层。

②反射标准层必须具有波形特征明显，波组特征突出的标志，这样才有利于在标准层的

追踪对比过程中进行识别。

③反射标准层能反映地下地质构造的主要特征。为了反映浅、中、深层的地下地质构造特征，应分别在浅、中、深层的反射中，各选一些反射层作为标准反射层。

(13) ①平行不整合。

(ⅰ) 时间剖面上不整合面上下反射层的产状无明显变化。

(ⅱ) 不整合面反射波能量较强，但其波形、振幅变化较大。

(ⅲ) 建立本区的反射类型，制作岩性指数量板。

(ⅳ) 常出现回转波、绕射波。

②角度不整合。

(ⅰ) 时间剖面上，不整合面上下反射层产状有明显不同，可清楚地看到它们逐渐靠拢，形成不整合面下的地层尖灭。

(ⅱ) 不整合面反射波能量较强，但振幅与波形不稳定。

(ⅲ) 在地层尖灭点处常出现绕射波。

(14) ①地震相划分主要依据地震反射的外形，内部结构，振幅及连续性来确定，地震相分析后要编制地震相图。

②单井划相建立岩性岩相剖面。

③地震相转换沉积相。

(15) ①利用层速度资料计算砂岩百分比编制平面图。

②制作主干剖面的热演化剖面，计算 TTI 并编制平面图。

③结合沉积相、砂岩百分比平面图、有利生油岩区及地层厚度图综合划分有利相区。

④利用油气指标及参数计算资源量。

(16) ①选择若干条可延伸到盆地（或坳陷）边缘的主干剖面，根据剖面中的上超、下超、顶超及削蚀等特征，找出不整合面作为地震层序面。

②根据周边地震资料和井资料建立地震层序和亚层序。地震层序一般以大构造层为依据，亚层序一般以大构造层之间的层位为依据确定。

(17) ①地震反射层等 t_0 图空校后即为构造（等深度）图。

②空间校正方法及速度参数、量板选择正确。

(ⅰ) 地层横向速度变化不大的情况下，可制成统一速度空间校正量板或数据本。

(ⅱ) 表层及地下地层横向速度变化大的地区进行变速空校。

(ⅲ) 上下地层速度纵向变化规律不同时，必须采用层状介质速度空校方法。

③空间校正点根据等值线的疏密程度决定，如高点、凹界、断点及线密度大的地方应该加密。

④层位深度与钻井深度对比误差小于 5%，构造细测时，对比误差小于 3%。

⑤断层空间校正要求：

(ⅰ) 垂直构造走向的剖面，断点空校后位置与叠偏剖面上的断点位置基本吻合。

(ⅱ) 空校后上下层的同一断层关系不交叉。

(ⅲ) 二级以上断层上下盘平面位置误差小于±100m。

⑥构造（等深度）线，断层线采用可靠（实线），不可靠（虚线）表示。等值线勾绘时，偏离数据值一般小于线距的 1/3。

⑦不同比例尺等值线距的规定。

（ⅰ）1∶200000，等值线距一般为200m。

（ⅱ）1∶100000，等值线距一般为100m。

（ⅲ）1∶50000，等值线距一般为50～100m。

（ⅳ）1∶25000，等值线距一般为25～50m。

（ⅴ）1∶10000，等值线距一般为10～25m。

⑧作水平剖面、叠偏剖面、等 t_0 图、构造（等深度）图的解释应一致。

⑨构造命名应根据附近地名或按地区编号赋予。

⑩构造（等深度）图要求：

（ⅰ）坐标网、经纬度、必要的测线、深度值。

（ⅱ）主要地名、地物及探井井位。

（ⅲ）编图说明及责任表。

⑪构造要素表（包括构造名称、编号、类型、高点、深度、幅度、面积、落实程度、穿过测线、钻井情况、备注等）。

⑫断层要素表（包括断裂名称、类型、走向、长度、断面倾角及最大落差等）。

（18）首先根据自然地理区域的不同划分相组，再进一步根据沉积环境和沉积物特征的区别划分相，亚相，微相。

C4　中级（二）

一、名词解释

（1）圈闭面积；（2）闭合差；（3）走向断层；（4）倾向断层；（5）构造等值线图；（6）反射标准层；（7）超覆；（8）层速度；（9）逆断层；（10）沉积相；（11）角度不整合；（12）地质作用；（13）风化壳；（14）岩相横变；（15）地震波形记录。

二、填空题

（1）经动校正和水平叠加，并将所有的新地震道，放在相应的________点位置，就构成了该测线的________时间剖面。

（2）当反射界面为________界面时，记录点的位置与反射点的位置________。

（3）反射界面埋藏越深，记录点与反射点偏移越________，界面倾角越大，偏移越________。

（4）背斜构造可以在岩层形成后________而形成，也可以在________进行过程中形成。

（5）按其成因，受________力形成正断层；受________力形成逆断层。

（6）干酪根是分散于________中的________。

（7）油气运移的总趋势是从________流向________，从________流向________。

（8）动校正目的是消除________，水平叠加是为了增加反射波的________。

（9）一般用组合检波压制________，用动校正的水平叠加压制________。

（10）在三大类岩石中，一般________具有成层次，________不具成层性。

（11）地层的产状主要用三个要素来描述，即________，倾向，________。

(12) 在等 t_0 平面图上，等值线越密说明地层倾角越________，反之则越________。
(13) 分析叠加速度谱拾取________速度，主要目的是为了便于________和水平叠加。

三、判断题

(1) 反射界面倾角越大，记录点与反射点位置偏移就越大。(　　)
(2) 有波阻抗就会产生反射波。(　　)
(3) 腐泥型干酪根生油潜力最大。(　　)
(4) 过渡型干酪根生油能力量最差。(　　)
(5) 反射波时距曲线为双曲线，绕射波时距曲线也为双曲线。(　　)
(6) 折射波时距曲线为双曲线。(　　)
(7) 凸型反射界面反射波在水平叠加时间剖面上形态扩大。(　　)
(8) 在平面图上，断层组合常有阶梯状形态。(　　)
(9) 对比时间剖面的三个标志是反射波的振幅、波形、相位。(　　)
(10) 不整合总是表现为上下地层间有一倾角。(　　)
(11) 等 t_0 平面上构造形态与等 h 平面图上形态一一对应。(　　)
(12) 海相沉积相对于陆相沉积而言，其沉积环境稳定。(　　)
(13) 在叠加偏移时间剖面上所反映得到的倾角与地层的真实倾角相等。(　　)

四、简答题

(1) 什么是相位对比？怎样进行相位对比？
(2) 什么是相位闭合？怎样实现测线网的相位闭合？
(3) 什么是标准反射层的波形特征和波组特征？
(4) 复杂背斜在水平叠加剖面上有何特点？
(5) 向斜在水平叠加剖面上有何特点？
(6) 断层在水平叠加剖面上有何特点？
(7) 挠曲在水平叠加剖面上有何特点？
(8) 不整合在水平叠加剖面上有何特点？
(9) 同沉积背斜的主要特征有哪些？
(10) 怎样从剖面形态及其变化上区别挤压背斜和披盖背斜？
(11) 在油气勘探中为什么应特别注意同沉积背斜？
(12) 同生断层有哪些与成岩后断层不同的特征？
(13) 砂岩体的成因类型有哪些？区分砂岩体类型的根据是什么？
(14) 倾斜长反射段反射波的特点是什么？
(15) 地层间的角度不整合是怎样形成的？
(16) 陆相沉积物的主要特点是什么？
(17) 什么是地震组合法？
(18) 什么是岩相？什么是沉积相？
(19) 什么是惠更斯原理？什么是费马原理？
(20) 什么是倾斜岩层？怎样描述倾斜岩层的空间位置？

参考答案

一、名词解释

（1）圈闭面积：最外圈闭合线所固定的面积。

（2）闭合差：同一地层在相交测线上时间的差值。

（3）走向断层：也叫断层走向，其与岩层走向相同。

（4）倾向断层：指断层走向与岩层走向垂直，与岩层倾向平行。

（5）构造等值线图：也称为构造图，是用一系列等值线（等深线，等高线）表示地下某一岩层层面起伏形态的平面图件。

（6）反射标准层：时间剖面上从浅至深存在着大量的反射波，为了能清楚地反映地下地质构造特征，一般只选择几个有特征的反射波进行对比，这几个反射波称为标准反射波。

（7）超覆：是海平面相对上升时，新地层的沉积范围扩大，依次超越下面较老地层的覆盖范围。

（8）层速度：某一岩层的厚度与地震波垂直通过该层所用时间的比。

（9）逆断层：上盘相对上升，下盘相对下降的断层。

（10）（略）

（11）角度不整合：上下地层呈现出角度的不整合，反映了构造运动的变化。

（12）（略）

（13）风化壳：在大陆地壳表面，由风化残积物和土壤构成的松散薄壳，称为风化壳。

（14）岩相横变：由于沉积条件的改变，岩层在其延伸方向上发生变化，由一种岩层逐渐变为另一种岩层，这种现象称为岩相横变。

（15）地震波形记录：地震波属于脉冲振动，地震记录实际上就是一系列地震波传播到地表时，引起地表质点振动的脉冲图形。

二、填空题

（1）共中心，水平叠加；

（2）水平，相对应；

（3）大，大；

（4）受力变形，沉积作用；

（5）拉张，挤压；

（6）岩石，不溶有机物；

（7）低处，高处，高压区，低压区；

（8）时差，信噪比；

（9）面波，多次波；

（10）沉积岩，火成岩及变质岩；

（11）走向，倾角；

（12）大，小；

（13）叠加，动校正。

三、判断题

(1) √；(2) ×；(3) √；(4) ×；(5) √；(6) ×；(7) √；(8) ×；(9) √；(10) ×；(11) ×；(12) √；(13) ×。

四、简答题

(1) 由于反射波是在干扰背景上被记录下来的。因此，反射波的初至到达时间难以识别，在时间剖面上不能对比波的初至，只能对比波的相位，这种对比方法叫做相位对比。相位对比就是在时间剖面上，识别和追踪同一层反射波的相同相位。绘制地震构造图，不仅要求反射标准层的层位一致，而且还要求反射标准层的相位相同。因此，对于每一个反射标准层，都要选择一个振幅较强，连续性好，尽量靠近初至的相位进行对比。

(2) 根据水平叠加剖面，同一层反射波相同相位时间 t_0 在剖面交点上相等的原则，确定其同一层反射波的相同相位，这就叫做相位闭合。相位闭合不仅是剖面交点上的闭合，而且是整个测线网的闭合。剖面交点上的相位是否闭合，用相位闭合差来衡量。相位闭合差是相交的横纵剖面，在交点上反射波的 t_0 时间之差，用 Δt_0 表示。如果相位闭合差小于或等于反射波视周期 T^* 的一半，即 $\Delta t_0 \leqslant T^*/2$，则认为相交两条剖面的相位闭合，否则为相位不闭合。如果所有剖面在交点上都满足这个要求，则整个测线网的相位就闭合了。

(3) 所谓波形特征，是指标准反射波的相位数、视周期、振幅及其相互关系。所谓波组特征，是指标准反射波与上下反射波之间的关系。

(4) 复杂背斜一般有地垒背斜和地堑背斜两种。地垒背斜是在形成背斜时，由于顶部上升，两翼下降，同时伴随有地垒型断层。而地堑背斜则是在形成背斜时，顶部受张力作用产生断层，地层因重力作用下降而形成地堑。两种背斜构造，在水平叠加剖面上的凸界面反射波被分成几段，波组关系有明显的错开，各断点上都有绕射波，因断面较陡，一般见不到断面波。

(5) 向斜是褶皱构造中，岩层向下弯曲的部分。向斜构造一般有两种，一种为对称向斜，另一种为非对称向斜。水平叠加剖面上，凹界面反射波反映了向斜构造的形态。由于凹界面曲率中心埋藏深度不同，一般在浅层是平缓向斜型，中层是聚焦型，深层为回转型。凹界面反射波的特点是振幅强，连续性好。由于非对称向斜的形成是和断层相伴生，因此在水平叠加剖面上，除有各类凹界面反射波之外，还有断面波和绕射波。

(6) 断层是岩层的连续性遭到破坏，并沿断裂面发生明显相对移动的一种断裂构造现象，其反映在时间剖面上，具有下列几个特点：

①反射波同相轴的数目突然增加或消失，出现这种情况，一般是较大断层的反映。

②反射同相轴凌乱，前后产状突变，或出现资料空白带，这些也是断层的反映。

③反射标准层的波组错断，断层两侧波组关系稳定，特征清楚，这是中小断层在时间剖面上的反映。

④绕射波和断面波的出现，这是存在断层的重要标志。

(7) 挠曲是褶皱的一种。常见的挠曲现象一般出现在断层附近，这种挠曲又叫做断层牵引，它分为正牵引和逆牵引两种。正牵引是在断层的上升盘（或下降盘），受断层面的牵引力作用而产生的一种褶皱现象。逆牵引是在断层的下降盘形成与正牵引褶皱方向相反的褶皱现象。正牵引常在断层的上升盘形成牵引背斜，逆牵引则在断层的下降盘形成牵引背斜，又叫做滚动背斜。在水平叠加剖面上，正牵引在上升盘出现凸界面波，而在下降盘则是聚焦型和回转型的凹界面反射波，逆牵引却在下降盘出现凸界面反射波。此外，还有断点绕射波和断面波与它们相连。

(8) 不整合是地壳运动引起的沉积间断，它分为平行不整合和角度不整合两种。平行不整合是上下构造层之间存在侵蚀面，但其产状一致。由于不整合面长期受到风化剥蚀，波阻抗差异明显，变化大。所以反射波的振幅强，变化也大，这些都是平行不整合的特点。角度不整合表现为不整合面的上下反射层有明显的角度接触关系，产状不同。不整合面以下的反射波，依次被不整合面产生的反射波所代替，尖灭于不整合面。而不整合面以上的反射波则连续，可长距离对比。

(9) 主要有以下特征：

①背斜下部闭合度大，翼部倾角大，向上逐渐变小变缓。

②由背斜顶部向两翼，地层厚度由小变大，且顶部常缺失某些层位。

③同一岩层在顶部粒度较粗，向两翼逐渐变细。

④背斜上部和下部形态常不吻合，构造高点发生有规律的位移。

(10) 在剖面形态上，挤压背斜闭合高度大，两翼一般不对称，地层倾角大时，甚至发生倒转。而披盖背斜闭合高度小，两翼地层较平缓。在形态的变化上，由下部地层至上部地层，挤压背斜一般形态变化不大，而披盖背斜的幅度逐渐变小，甚至消失。

(11) 因为同沉积背斜具备许多有利条件，常形成大油气田，主要有利条件是：

①背斜顶部和两侧都有良好的储集层，并且厚度大，层位多。

②圈闭条件好，容积大，类型多。

③圈闭形成时间早，离油源近，具有优先捕集油气的先天条件，而且可以接纳多次生油，多次运移的油气。

(12) 主要有以下六点：

①断层的剖面形态多呈勺状，向深处断层面倾角变小，甚至变为顺层滑动。

②同一层位在两盘上厚度不同，在上升盘上薄，在下降盘上厚。

③同一层位在两盘上岩性不同，在上升盘上粗，在下降盘上细。

④一般表现为正断层。

⑤在上盘常伴有逆牵引背斜。

⑥一般规模较大，延伸数十至数百公里。

(13) 主要成因类型有冲积扇砂砾岩体，河流砂岩体，湖泊砂岩体，三角洲砂岩体，海滩堤岛砂岩体以及浊流砂岩体等。

区分砂岩体类型的主要根据是：

①岩体形态，包括平面形态和剖面形态。

②岩性组合，即岩体各部分的主要岩石类型，岩性岩相特征和位置关系。

③岩体分布特征及其与相邻沉积体之间的关系。

(14) 倾斜长反射段的反射波，也有一个主体两个尾巴。主体部分为反射波，反射波的振幅强而稳定，$t_0(x)$曲线为直线。尾巴部分是绕射波的正半支，上倾方向的绕射尾巴，可见到极小点，下倾方向的绕射尾巴，极小点因干涉而看不清。反射波与绕射波的切点，是反射波的记录中断点，记录中断点的振幅是反射波主体振幅的一半，过半幅点以后，能量将迅速衰减。

(15) 地层间的角度不整合是在较强烈的地壳运动的影响下形成的。首先地壳下降接收沉积，形成了下面一套地层，以后地壳发生强烈的运动，使岩层发生倾斜、褶皱和断裂等变形，同时上升遭受剥蚀，经过一段时间后，又下降接收沉积，形成了上面一套地层，这样，就造成了上下两套地层间形状不一致，形成时代不连续的沉积接触关系。

（16）主要有以下五点：

①主要岩石类型为碎屑岩和黏土岩，此外，常有煤、红土等沉积。

②岩石的组成成分复杂，不稳定的组分含量高。

③碎屑颗粒的磨圆程度相对较低，分选也较差。

④岩相的横向和纵向变化都很大，在平面和剖面上分布局限。

⑤常含有陆生植物及淡水动物化石。

（17）根据干扰波和有效波的差别，采用组合法可以压制干扰波。所谓组合法，是指用多个检波器接收组成一个地震道的输入，这叫做组合检波；或者采用多个震源同时激发构成一个总的震源，这称为组合爆炸。二者的原理相同，只是使用的地方不同。

（18）岩相就是岩石的面貌，包括岩石的岩性特征、古生物特征以及岩体的形态和分布等。

沉积相是一定的沉积环境和在该环境形成的沉积物特征的综合。

（19）（略）

（20）（略）

C5　高级（一）

一、名词解释

（1）有效波和干扰波；（2）面波；（3）无规则干扰波；（4）岩相；（5）岩层尖灭；（6）标准层；（7）断层；（8）均匀介质；（9）层状介质；（10）连续介质；（11）底辟构造；（12）圈闭；（13）不整合；（14）调谐厚度；（15）时间切片；（16）叠加速度谱；（17）沉积模式。

二、填空题

（1）振动在介质中________就形成波，地震波是一种________波。

（2）由于反射波是一种________波，所以在遇到岩层的________时，会产生反射波。

（3）炮点和接收点之间的________关系，被称为________。

（4）三维地震勘探中沿构造走向布置的测线称为________测线，垂直于构造走向的测线称为________。

（5）一个谐振动是由________、________和________三个量确定的，改变其中的任意一个量，振动波形都会发生改变。

（6）用人工方法激发________，并通过其传播时间与距离的对应关系来研究地下岩层的________性质及地层形态变化的物理方法称为________。

（7）扇三角洲一般可分成________、________和________三个部分。

（8）地震学的动力学观点认为：地震波是一种________，反射波是由________叠加而成的。

（9）当岩石密度增加时，地震速度也________。这是因为地震速度与孔隙度成

________，而孔隙度又与岩石密度成________。

（10）在多次覆盖观测系统中，炮点和排列移动的距离是________的，而且是________移动的。

三、判断题

（1）对共反射点道集记录，把每一道反射波的传播时间减去它的正常时差就叫做静校正。（　　）

（2）共反射点道集记录时间，经过动校正后都校正成为垂直反射时间。（　　）

（3）利用平均振幅能量准则计算出来的速度谱称为相关速度谱。（　　）

（4）相关速度谱的灵敏度较高，叠加速度谱抗干扰能力较强。（　　）

（5）滑行波也称全反射波。（　　）

（6）地震波沿测线传播的速度称为视速度。（　　）

（7）波的到达时间和观测点距离的关系曲线，叫做时距曲线。（　　）

（8）直达波的时距曲线为对称于时间轴的双曲线。（　　）

（9）构造图的鞍部必须有两根等深度线平行穿过。（　　）

（10）区分独立的地质特征的能力称为地震反射波的分辨率。（　　）

（11）沉积剖面上各种成因标志有规律地重复出现，即沉积作用的沉积模式。（　　）

（12）地层的密度与速度的乘积为地层的反射系数。（　　）

四、简答题

（1）什么是惠更斯原理？

（2）什么是费马原理？

（3）什么是时距曲线？

（4）什么是剩余时差？

（5）比较共炮点与共反射点时距曲线的相同点和不同点。

（6）什么是多次反射波？常见的多次波有几种？

（7）什么是地震组合法？

（8）选择观测系统的原则有几条？

（9）什么是等高线地形图？地形等高线有哪些特征？

（10）砂岩体的成因类型有哪些？区分砂岩体类型的根据是什么？

（11）频率分析的地震记录如何选择？

（12）什么是地震波振幅的吸收衰减？

（13）什么是地震波振幅的透射损失？

（14）什么是相对振幅保持处理？

（15）相对振幅保持处理包括哪些内容？

参考答案

一、名词解释

（1）有效波和干扰波：在观测地震波时，不仅能观测到有效波，而且能同时观测到干扰波，所谓有效波就是用来解决地质问题的波，干扰波则是防碍追踪和识别有效波的波。

(2) ～(8)(略)。

(9) 假设地层是层状结构，地震波的传播速度在每一层中不同点上都是相同的，其速度叫层速度，层与层之间的层速度可以不同，这样的地层称为层状介质。

(10) 假设地震波的速度是随深度连续变化的，最常用的变化关系函数式为 $v=v_0(1+\beta z)$。其中 v_0 是初速度(深度等于零时的速度)，β 是速度深度变化系数，这种地层叫连续介质。

(11) 底辟构造：由于地静压差的作用，下面的塑性地层刺穿上覆地层而形成的构造现象称为底劈构造。

(12)(略)。

(13) 不整合：在地壳的抬升过程中老地层遭受剥蚀之后又开始下降接受沉积，在此过程中形成的新老地层之间的关系称为不整合，即地层之间有沉积间断面。

(14) 调谐厚度：被研究地质体的厚度等于或小于 1/4 波长时称为地层的调谐厚度，这时岩层上下界面的反射波互相正向叠加，能量加强。

(15) 时间切片：在三维数据体中，某一时间深度的水平切面图叫时间切片。

(16) 叠加速度谱：用平均振幅准则或平均振幅能量准则计算出来的速度谱称为叠加速度谱。

(17) 沉积模式：某一地区建立起来一套沉积地层的沉积规律称为沉积模式。

二、填空题

(1) 传播，弹性；

(2) 弹性，分界面；

(3) 相互位置，观测系统；

(4) 联络，主测线；

(5) 振幅，频率，初相；

(6) 地震波，物理，地震勘探；

(7) 扇根，扇中，扇端；

(8) 波动，绕射波；

(9) 增大，反比，反比；

(10) 相同，等距离。

三、判断题

(1) ×；(2) √；(3) ×；(4) √；(5) ×；(6) √；(7) √；(8) ×；(9) √；(10) √；(11) ×；(12) ×。

四、简答题

(1)(略)。

(2)(略)。

(3) 进行地震勘探工作时，都是在测线上测定波到达各观测点的旅行时，根据波的到达时间 t 和观测点的距离 x，可做出 t 和 x 的关系曲线，这个曲线叫做时距曲线。

（4）～（9）（略）。

（10）主要成因类型有冲积扇砂砾岩体、河流砂岩体、湖泊砂岩体、三角洲砂岩体、海滩堤岛砂岩体以及浊流砂岩体等。

区分砂岩体类型的主要根据是：

①岩体形态，包括平面形态和剖面形态。

②岩性组合，即岩体各部分的主要岩石类型，岩性岩相特征和位置关系。

③岩体分布特征及其与相邻沉积体之间的关系。

（11）进行频谱分析，先要选好地震记录。通过分析反射波的频谱，所选记录最好是没有干扰波的纯反射记录。当然分析干扰波的频谱时，就应选没有反射波的纯干扰记录。地震记录选好后，就可以确定频谱分析参数。

（12）实际地层并不是完全弹性介质，因此波在实际介质中传播时，其能量衰减要比在完全弹性介质中的衰减快，这种衰减叫做介质对波的吸收衰减。

（13）地震波通过地下岩层分界面时，一部分发生反射，另一部分发生透射。根据能量守恒定律，总能量等于反射能量与透射能量之和，已经反射的能量就不包含在透射能量之中，这样透射能量和入射能量相比就减少了，这种能量衰减叫做中间界面的透射损失。

（14）反射波的振幅不仅与反射界面的反射系数有关，而且还与波前发散、吸收衰减、激发条件等因素有关。为使反射波的相对振幅关系能够反映界面反射系数的大小，需要通过对波前发散、吸收衰减和激发条件等进行振幅补偿，这种补偿称为相对振幅保持处理。

（15）相对振幅保持处理是亮点处理技术之一。它包括波前发散和吸收衰减的振幅补偿，激发条件和接收条件的归一化处理以及消除区域背景的均衡处理等。

C6　高级（二）

一、名词解释

（1）地层柱状图；（2）构造运动周期；（3）逆牵引背斜；（4）含油气盆地；（5）二级构造带；（6）构造形迹；（7）时间域；（8）油气聚集带；（9）地震反射波的分辨率；（10）地温梯度；（11）采样间隔；（12）白云岩化程度；（13）复式背斜。

二、填空题

（1）描述滤波器的特性有两种方式，在时间域用________响应描述滤波器的特性；在频率域，则用________响应描述滤波器的特性。

（2）由时间域函数到频率域的变换称为________，由频率域到时间域的变换称为________。

（3）根据反射波与干扰波在频率上的差异，采用________滤波的方法可以压制________，突出________，提高记录的________。

（4）反射系数的大小主要取决于________地层________的大小。

（5）正断层按地层倾斜方向和断面倾向关系，可分为________层和________。

（6）用VSP测井能得到的速度资料包括________和________资料。

（7）一般进行时深转换采用的速度为________。研究地层物性参数变化需采用________。

(8) 用于计算动校正量的速度称为________速度，它经过倾角校正后即得到________。

(9) 提高地震资料的________，消除地层对________成分的吸收，补偿由于________作用对脉冲信号的衰减。

(10) 三瞬剖面是指________剖面，________剖面和________剖面。

(11) 在水体动荡的条件下形成的沉积________，一般以砂泥岩互为主，随水动力条件的增强沉积地层的粒度________。

(12) 地震学特征可分为________和________。

(13) 岩层埋藏越深地震波速度________。时代越老的地层速度________。

(14) 地层的接触关系有三种基本类型即________，________和________关系。

三、判断题

(1) 水平界面的自激自收时距曲线为一条双曲线。(　　)

(2) 折射波时距曲线与反射波时距曲线相切，直达波与反射波时距曲线相交。(　　)

(3) 倾斜岩层的真倾角小于视倾角。(　　)

(4) 面波、折射波都是规则干扰波。(　　)

(5) 由于地静压差作用，下面的塑性地层刺穿上覆地层而形成的构造现象被称为底辟构造。(　　)

(6) 一个地震信号，把振幅和相位随频率变化关系的表达式叫做时间域表示。(　　)

(7) 当所研究地质体的厚度等于或大于 1/4 波长时，该厚度称为地层的调谐厚度。(　　)

(8) 沉积区域底部存在的古地形隆起称为古潜山。(　　)

(9) 平均速度的概念存在的前提条件是地下介质为连续变化的介质。(　　)

(10) 新老地层连续沉积的界面称为间断面。(　　)

(11) 当地下存在着两个或两个以上的良好反射界面时，会产生一些来往于各界面之间的反射波，这种波称为多次波。(　　)

(12) 碳酸盐岩是主要由方解石和白云石等碳酸盐矿物组成的沉积岩。(　　)

四、简答题

(1) 什么是叠加速度?

(2) 叠加速度谱和相关速度谱有什么差异?

(3) 速度谱的速度扫描范围如何选择?

(4) 根据断层走向与褶曲轴向的关系把断层分为哪几类?

(5) 鼻状构造在构造等值线图上有哪些特点?

(6) 为什么闭合高度大的褶曲有利于油气的聚集?

(7) 根据断层走向与岩层走向的关系，把断层分为哪几种类型?

(8) 什么是构造等值线图? 倾斜岩层的构造等值线图有什么特征?

(9) 形成圈闭的基本条件是什么? 为什么这些条件缺一不可?

(10) 什么样的圈闭有利于油气的聚集?

(11) 绕射波是怎样形成的?

(12) 绕射波的振幅和相位有什么特点?

(13) 断面波有什么特点？
(14) 什么是反射标准层？
(15) 在油气勘探中为什么应特别注意同沉积背斜？
(16) 同沉积背斜的主要特征有哪些？
(17) 为什么在逆牵引背斜上常形成大油气田？
(18) 为什么在我国的陆相含油气盆地中，长期继承性发育的深凹陷是有利的油源区？
(19) 地震子波的定义、形成及其特点。
(20) 什么是偏移叠加和叠加偏移？各解决什么问题？

参考答案

一、名词解释

(1)（略）。

(2)（略）。

(3) 逆牵引背斜：也称为滚动背斜，指在同沉积正断层的下降盘上，由于差异负荷、差异压实和重力回倾等原因造成的背斜构造。

(4) 含油气盆地：在某一地质历史期内以沉降为主，并接受了巨厚的沉积物及丰富的有机质，并有过生油历史及保存有一定规模工业油流的沉积构造单元，称为含油气盆地。

(5) 二级构造带：是含油盆地中的二级构造单元，指处于一定的区域构造部位，由若干有成生联系和相似特征的局部构造组成的正向构造单元，有时还包括某些地层岩相带。

(6) 构造形迹：地质力学把岩石在地应力作用下发生永久变形的现象和岩块相对位移的踪迹称为构造形迹。

(7) 时间域：一个地震信号，把振幅值随时间变化关系的表达式，叫做时间域表示，用时间函数研究函数的变化关系叫时间域变化。

(8) 油气聚集带：在一个二级构造带或地层岩相变化带内，油气田或油气藏的总和。

(9) 地震反射波的分辨率：区分独立的地质特征的能力，一般用被研究地质体的最小厚度表示。

(10) 地温梯度：地下温度随深度增加的增长率，习惯上用每百米温度的增长量表示。

(11) 采样间隔：两个样点值之间的距离或时间即为采样间隔。

(12) 白云岩化程度：由于地下水的作用，方解石在交代过程中形成白云岩的程度叫白云岩化程度，此过程中主要以交代作用为主。

(13) 复式背斜：在大的隆起背景下同时发育着很多小的褶皱，这样的背斜称为复式背斜。

二、填空题

(1) 脉冲，频率；

(2) 正变换，反变换；

(3) 频率，干扰波，反射波，信噪比；

(4) 上下，波阻抗差；

(5) 正向正断，反向正断层；

(6) 平均速度，层速度；

(7) 平均速度，层速度；

(8) 叠加，均方根速度；

(9) 分辨率，高频，大地滤波；

(10) 瞬时振幅，瞬时频率，瞬时相位；

(11) 地层，变大；

(12) 动力学特征，运动学特征；

(13) 越大，越大；

(14) 整合接触，平行不整合，角度不整合。

三、判断题

(1) ×；(2) √；(3) ×；(4) √；(5) √；(6) ×；(7) ×；(8) √；(9) ×；(10) ×；(11) √；(12) √。

四、简答题

(1)（略）。

(2)（略）。

(3) 速度扫描范围，由工区的最小速度和最大速度确定，原则上要使速度谱线峰值两边趋于平缓。由于速度的变化规律是随深度的增加而增加，所以，浅层一般不存在高速度，深层没有低速度。根据速度的这种变化规律，事先可以给予一条参考速度曲线，围绕这条速度曲线来确定速度扫描的范围。

(4) 分为以下三类：

①纵断层：断层走向平行于褶曲轴向。

②横断层：断层走向大致与褶曲轴向垂直。

③斜断层：断层走向与褶曲轴向相交。

(5)（略）。

(6)（略）。

(7) 共分为4种类型：

①走向断层：断层走向与岩层走向相同。

②倾向断层：断层走向与岩层走向垂直，与岩层倾向平行。

③斜向断层：断层走向与岩层走向斜交。

④顺层断层：断层面与岩层层面平行，断层面产状与岩层产状一致。

(8)（略）。

(9) 形成圈闭的基本条件是必须具备储层、盖层和遮挡条件，这三个条件缺一不可，因为圈闭是油气聚集的场所，油气聚集需要空间，这些空间由储集层提供。由于油气比水轻，在浮力作用下，总有向上移动以至于逸散的趋势，所以在储集层之上必须有致密岩层作为盖层，防止油气向上逸散。被盖层限制在储集层中的油气仍会受到浮力的作用，要向储集层的上倾方向运移，所以还必须有阻止油气继续运移的遮挡条件存在。

(10) 有利于油气聚集的圈闭必须具备以下5个条件：

①形成时间早，在油气生成（或大规模运移）之前就已经存在，或在生油期（或运移期）内形成。

②离油源近，处于生油凹陷内部或其边缘。

③与油源相通，即圈闭储集层与生油层直接接触，或有开启性断层及不整合面等作为通道与油源相通。

④圈闭容积大，即有较大闭合面积，尤其是要有一定的闭合高度。同时储集层的有效厚度大，有效孔隙度高。

⑤保存条件好，盖层致密有一定的厚度，水动力的冲刷作用不太强，在圈闭形成后，没有经受强烈构造运动的影响。

(11) ～ (13)（略）。

(14) 时间剖面上从浅至深存在着大量的反射波，为了能清楚地反映地下地质构造特征，一般只选择几个有特征的反射波进行对比，这几个反射波称为标准反射波。一般情况下，由于产生标准反射波的反射界面与地质界面是一致的，可以确定其确切的地质层位，所以又把标准反射波称为反射标准层。

(15)（略）。

(16)（略）。

(17) 因为这类背斜是长期活动形成的，而且处于大型同生断层的下降盘上，同时这类断层又常是凹陷的边界，因此逆牵引背斜有许多有利于油气富集的条件，主要是：

①背斜处于生油凹陷边缘，所形成的圈闭离油源区近。

②地层厚度大且储集层特别发育，生、储、盖层的位置关系好，常组成有利的生储盖组合。

③圈闭形成时间早，是凹陷中油气多次运移的长期指向。

(18) 因为盆地中长期继承性发育的深凹陷生油条件最好，生油量最大。

①在这样的凹陷中水体深度大，面积广，有利于生物大量繁殖；盆底多处于静水低能环境，泥质沉积特征发育且易形成缺氧的还原环境，有利于有机质的堆积和保存，从而形成富含有机质的泥质岩层。

②凹陷发育时间长，沉积岩的总厚度大，有机质容易被深埋，获得向油气转化的温度等条件。

③沉积旋回多且完整，储集层和盖层都很发育，常形成多个生油层系及多旋回的生、储、盖组合，有利于油气的保存和积累，而且油气有条件及时完成初次运移，有利于生油层中烃的转化。

(19) 一个单界面反射波称为地震子波。它是震源发出的尖脉冲 δt，经过地层滤波后而成。所以，地震子波又叫做大地滤波因子，常用 $B(t)$ 表示。实际地震子波的波形，是由地质结构决定的。因此，地震子波的波形是变化的，不同地区有不同的地震子波，同一地区浅中深层的地震子波也不相同，甚至在两个相邻的反射层之间，地震子波也是近似的，绝不会完全一样。

(20) 为了解决水平叠加存在的问题，可进行偏移归位处理。偏移归位处理既可以在水平叠加前进行，也可以在水平叠加后进行。前者叫做偏移叠加，后者称为叠加偏移。偏移叠加可解决水平叠加的反射层偏移问题和非反射点叠加问题，而叠加偏移只能解决水平叠加的反射层偏移问题，不能解决非共反射点叠加问题。实际工作中，偏移叠加用得少，而叠加偏移用得很普遍。实现偏移归位的方法，有射线偏移归位和波动方程偏移归位。用射线法进行叠加偏移，又分为圆法和绕射扫描法两种。

参 考 文 献

[1] 陈传仁，李国法．勘探地震学教程．北京：石油工业出版，2011.
[2] 孙家振，李兰斌．地震地质综合解释教程．武汉：中国地质大学出版社，2002.
[3] 陆基孟．地震勘探原理．东营：中国石油大学出版社，2004.
[5] 王永刚．地震资料综合解释方法．东营：中国石油大学出版社，2007.
[6] 易远元．地震勘探野外生产实习教程．北京：石油工业出版社，2011.
[7] 桂志先，陈传仁，毛宁波，等．“地震勘探原理”实践教学改革方案与实施．长江大学学报理工卷：自然科学版，2007，4（4）．
[8] 牟永光，陈小宏，李国发．地震资料处理方法．北京：石油工业出版社，2007.
[9] 李正文，赵志超．地震勘探资料解释．北京：地质出版社，1988.
[10] 徐伯勋，白旭滨，于常青．地震勘探信息技术．北京：地质出版社，2001.
[11] 刘雯林．油气田开发地震技术．北京：石油工业出版社，1996.
[12] 丁伟，张家田，张动．地震勘探检波理论与应用．西安：陕西科学技术出版社，2006.
[13] 马在田．三维地震勘探方法．北京：石油工业出版社，1989.
[14] 陆基孟．地震勘探原理（上）．东营：中国石油大学出版社，1993.
[15] 长春地质学院，成都地质学院，武汉地质学院．地震勘探—原理和方法．北京：石油工业出版社．1980.
[16] 凌云．非规则干扰信噪比分析．石油地球物理勘探，2001，36（3）．
[17] 俞寿朋．高分辨率地震勘探．北京：石油工业出版社，1993.
[18] 刘震编．储层地震地层学．北京：地质出版社，1997.
[19] 黄洪泽．脉冲组合法理论．地球物理学报，1964，13（1）：76－90.
[20] 朱广生．脉冲波多次覆盖与组合检波统一公式．江汉石油学院学报，1981，3（1）：32－50.